Vorwort

Liebe Leserinnen, liebe Leser,

wir brauchen den Austausch mit anderen Menschen, um uns zu entwickeln. Deshalb teilen wir, was uns wichtig ist, mit denen, die uns wichtig sind. Wir teilen Erlebnisse, Erfahrungen und Überzeugungen. Aber auch unser Wissen und unsere Ideen. Nur so kann sich etwas Besseres, etwas Größeres entwickeln. Als Deutsche Telekom haben wir es uns zur Aufgabe gemacht, diese Verbindungen permanent aufrechtzuerhalten. Damit wächst auch unsere gesellschaftliche Verantwortung – Tag für Tag. Unser Ziel ist, das Leben der Menschen nachhaltig zu vereinfachen und zu bereichern. Dabei stellen wir den Menschen in den Mittelpunkt – unsere Kunden und unsere Mitarbeiter.

Wie können wir für unsere Kunden in einer immer komplexer werdenden Welt weiterhin der zuverlässige Begleiter sein? Wie begeistern wir unsere Kunden auch in Zukunft? Allein das private Heimnetzwerk macht so manch einen heute schon ratlos, sobald es einmal hakt. Aber es geht uns schon immer darum, das Leben der Menschen zu vereinfachen – beruflich wie privat. Deshalb spielt Service in unserer Strategie eine Schlüsselrolle. Ein Service, in dem wir selbst mit dem Tempo der Veränderung Schritt halten müssen. Und antizipieren, was der ständige Wandel um uns herum, für unsere Kunden, aber auch für unsere Mitarbeiter mit sich bringt. Wir haben Mitarbeiter, die für ihren Job brennen, die helfen wollen und auch helfen können. Wir haben die IT, um sie zu unterstützen. Aber um den Wandel mitzugestalten, ist es wichtig, ein noch tieferes Verständnis der technischen Zusammenhänge, mehr Skills, mehr „Fachlichkeit" zu entwickeln. Wir müssen neugierig bleiben, ständig an uns arbeiten, uns neues Know-how aneignen, Erfahrungen sammeln, sie auch miteinander verknüpfen, am besten crossfunktional über unterschiedliche Fachbereiche hinweg. Das ist so etwas wie ein lebenslanges „Studium generale" und elementar für unsere Zukunft.

Neugier ist für mich die nötige Schnittstelle zwischen Hard und Soft Skills. Sie ist unser Ticket zu neuem Wissen, zu Verantwortungsbereitschaft und unternehmerischem Denken am Arbeitsplatz. Dafür braucht es auch ein adäquates Führungsverständnis. Wir müssen unsere Mitarbeiter ermutigen, Ansichten frei zu äußern, Dinge infrage zu stellen, Neues auszuprobieren, Bestehendes zu verbessern und wissbegierig zu sein. Es darf keine Angst geben, Fehler zu machen – wir müssen nur daraus lernen. Damit verbunden ist auch eine Widerspruchskultur. Chefs müssen aushalten können, dass Mitarbeiter Nein sagen und andere Lösungen anbieten.

Dieses Buch eröffnet einen spannenden Diskurs, nicht nur über die Bedeutung vom besten Service an der Schnittstelle zur fortschreitenden Digitalisierung, sondern auch über lebenslanges Lernen.

Sind Sie neugierig geworden? Dann schauen Sie einfach mal rein.

Herzlichst Ihr

Timotheus Höttges
CEO Deutsche Telekom AG

„Das Wichtigste im Leben ist, nicht auf..zu-hören, Fragen' zu stellen."

Albert Einstein

„Wir müssen Ausdauer und vor allem Vertrauen in uns selbst haben. Wir müssen glauben, dass wir begabt sind und dass wir etwas erreichen können."

Marie Curie

„Es ist nicht genug zu wissen – man muss auch anwenden. Es ist nicht genug zu wollen – man muss auch tun."

Johann Wolfgang von Goethe

„Der größte Feind des Wissens ist nicht Ignoranz, sondern die Illusion, wissend zu sein."

Stephen Hawking

„Man muss viel gelernt haben, um über das, was man nicht weiß, fragen zu können."

Jean-Jacques Rousseau

„Erfolg bedingt lebenslanges Lernen."

Robert Schumann

„Bleib wissens-
durstig
und habe
Mut, dich
aus den
konventionellen
Bahnen herauszu-
bewegen."

Steve Jobs

Inhalt

14 Wollen. Können. Machen.
Wie Leidenschaft Wissen schafft

Nur wer bereit ist, an seiner fachlichen Fitness zu arbeiten, wird mit der Digitalisierung Schritt halten. Wie Agilität und ein neues Führungsverständnis lebenslanges Lernen und mehr Fachlichkeit im Unternehmen gedeihen lassen, erklärt Telekom-Servicechef **DR. FERRI ABOLHASSAN**.

28 Willenskraft ist die stärkste Kraft – im Leben wie im Business

Er ist der am längsten amtierende Schwergewichts-Boxweltmeister aller Zeiten. Heute wirkt **DR. WLADIMIR KLITSCHKO** als Challenge Master. Mit seiner selbst entwickelten F.A.C.E.-Methode zeigt er Einzelpersonen und Unternehmen, wie sie ihre Ziele mit Willenskraft erreichen.

34 Die Führungsanker: Mit Herz zum weltbesten Service führen

Anker lichten, Leinen los! **ALBERT HENN UND CARINA BARG** sind die Initiatoren der „Führungsanker" im Telekom Service. Mit Empathie und ganz viel Herz möchten sie ein neues Rollenverständnis im Unternehmen etablieren und erklären, was Führungskräfte bewegen können, wenn sie den Menschen in den Mittelpunkt stellen.

46 Führung mit Herz

Wer gut führen möchte, der muss wissen, wie sein Unterbewusstsein tickt. Dazu gehören Entspannung und eine ordentliche Portion Selbstreflektion. Wie Führungskräfte lernen empathisch zu handeln, weiß der Mentaltrainer **DR. KLAUS WOLFF**.

52 Freiraum. Macht. Lust.

Wir alle folgen Regeln und vorgegebenen Strukturen. Doch was passiert, wenn wir ausbrechen und etwas Neues ausprobieren? Damit beschäftigen sich die Unternehmensberater **SABINE UND ALEXANDER KLUGE**. Sie beschreiben, wie frischer Wind Unternehmen nachhaltig verändern kann und welche Rolle Graswurzelinitiativen dabei spielen.

62 „Nur wer up to date ist, kann seine Kunden begeistern"

Wissen muss nicht immer von außen kommen, denn jedes Unternehmen verfügt bereits über interne Experten. Wie man deren Know-how bestmöglich teilt, zeigt **SHAKIL AWAN**, Initiator der Graswurzelinitiative „LEX – Lernen von Experten" bei der Deutschen Telekom.

68 Vom Glück des Verstehens

Sie beschäftigen sich mit nichts weniger als den ganz großen Fragen der Arbeitswelt: Ethikexpertin **DR. IRINA KUMMERT** und Wirtschaftsvordenker **GEBHARD BORCK** diskutieren über Vertrauen, Verantwortung und lebenslanges Verstehen.

78 „Me, Myself an I" – Warum Selbstkompetenz kein Egotrip ist

Wie sollten wir mit Unsicherheit umgehen und wie gelingt es uns, unser volles Potenzial zu entfalten? Ganz einfach, meint Management Coach **NICOLE BRANDES**, indem wir bei uns selbst anfangen. Ihre langjährige Berufserfahrung und ihr persönlicher Erfolg sprechen dafür.

88 Die Flamme des Sinnhaften immer wieder entfachen

Der Einzelne und das Ganze – wie die individuellen Stärken des Einzelnen zu einer harmonischen gemeinschaftlichen Gesamtleistung orchestriert werden und welche Rolle er dabei spielt, beschreibt der Dirigent und Generalmusikdirektor der Stadt Bonn **DIRK KAFTAN**.

94 Die Kunst, unter Stress einen klaren Kopf zu bewahren

Das beste Wissen nützt nichts, wenn uns Denkblockaden lähmen. Wie man diese im beruflichen Alltag verhindert, dazu hat Business Coach **MECHTILD JULIUS** mehr als eine Idee.

100 Sales & Service – Wenn Agilität in der Natur der Sache liegt

Den Wandel zu mehr Agilität im Unternehmen einleiten und dabei Wissenstransfer und Weiterentwicklung der Mitarbeiter sicherstellen: Wie das geht, veranschaulicht Agilitätscoach **CLAUDIA THONET** mit einem Best-Practice-Modell und vielen Tipps.

110 Wissensboost mit KPIs

Richtige Kennzahlen im Service geben wichtige Hinweise auf die fachliche Qualität der Arbeit und zeigen Entwicklungspfade auf. Service-Performance-Beraterin **SABINE HÜBNER** erklärt, wie man Kennzahlen klug auswählt und dabei noch vieles lernen kann.

120 Denken Sie schon, oder konsumieren Sie noch? Warum Informationen allein kein Wissen bedeuten

Täglich werden wir mit einer Vielzahl an Informationen regelrecht überschüttet. Um diese Flut gewinnbringend zu kanalisieren und in nachhaltiges Wissen zu verwandeln, brauchen wir unser wertvollstes Werkzeug: das Gehirn. Neurowissenschaftler **PROF. DR. VOLKER BUSCH** zeigt, wie wir es am effektivsten zum Lernen einsetzen.

128 Verstehen ist das neue Lernen – Wissensvermittlung für die Welt von morgen

Was hat ein Weihnachtsgeschenk mit Wissensvermittlung zu tun? Und was macht uns klüger als eine KI? Der Neurobiologe **DR. HENNING BECK** darüber, wie man analoges Denken mit Digitalisierung kombiniert und wieso man Radfahren nur lernt, wenn man bereit ist auch hinzufallen.

136 „Wissensaustausch muss unabhängig von Zeit, Ort und Endgerät möglich sein"

Erhalten, verstehen, teilen: Wissen ist der Schlüssel zum unternehmerischen Erfolg – wenn es für alle verfügbar ist. Wie Unternehmen durch innovative IT und intelligente Vernetzung Wissen teilen, erklärt die Wissensmanagementexpertin **NICOLE LEHNERT**.

140 Customer First – zwischen Lippenbekenntnis und Glaubwürdigkeit

Perfekte Kundenerlebnisse erfordern eine konsequente Neuausrichtung aller Abteilungen am Kunden. Denn aus deren Sicht müssen Prozesse über Silogrenzen hinweg funktionieren und sich reibungslos miteinander verzahnen, sagt Business Coach **ANNE M. SCHÜLLER**. Wie eine solche Organisation aussieht, zeigt sie am Beispiel ihres Orbit-Modells.

150 Die Kontur des Elefanten

Er beschäftigt sich mit den großen Themen des Lebens und möchte andere Menschen dadurch ein bisschen schlauer machen: Der Journalist **GERT SCOBEL** über die Ausweitung unserer Wissensgrenzen, die Vorteile unterschiedlicher Perspektiven und wieso niemand den ganzen Elefanten im Blick hat.

158 Unternehmen brauchen ein „Netflix des Lernens"

Sie heißen LEX, Percipio oder youlearn, konkrete Formate, in denen Telekom-Mitarbeiter sich und ihr Unternehmen ständig weiterentwickeln. Das Motiv dahinter, so Personalvorstand **BIRGIT BOHLE**, ist „Stay curious and grow". Anders gesagt: Lasst uns lernen wie die Kinder.

166 „Wissen Sie was, ..."

Lernen zwischen Lektion und Passion – sich als „Lernende Organisation" aufzustellen, ist für Unternehmen ein Muss. Doch wenn sie dafür die Mittel der Digitalisierung ausschöpfen, werden sie am Tempo des technischen Fortschritts viel Freude haben, weiß **PROF. DR. AUGUST-WILHELM SCHEER**.

174 Wissen für alle

Warum ist die Demokratisierung des Wissens so wichtig? Und welche Art des Lernens bringt uns in die Zukunft? Der Udacity-Gründer und KI-Experte **PROF. DR. SEBASTIAN THRUN** erläutert seine Sicht der Dinge.

178 Die Demokratisierung des Coachings

Coaching sollte nicht nur Führungskräften vorbehalten sein, sondern allen Beschäftigten im Unternehmen zur Verfügung stehen. Wie das funktioniert und warum Unternehmen davon profitieren, erklärt der CoachHub-Gründer und Geschäftsführer **YANNIS NIEBELSCHÜTZ**.

182 KI für den perfekten Dreiklang

Wie man mithilfe von Software die Kundenkommunikation der Mitarbeiter um ein Vielfaches verbessert und wie Künstliche Intelligenz dabei zum Coach wird, berichtet der Gründer und CEO des Start-ups i2x **MICHAEL BREHM**.

190 Change und Lernen – eine unverzichtbare Symbiose

Change und Lernen sind für den Unternehmer **MARCO BÖRRIES** unmittelbar verknüpft und eine Einladung, die Augen stets offenzuhalten. Der Entrepreneur über Lernansätze aus der „Sesamstraße", die Gabe, um eine Idee herum neues Wissen aufzubauen und die Größe, Fehltritte zuzugeben.

Die in dieser Publikation gewählte männliche Form bezieht sich immer zugleich auf weibliche, männliche und diverse Personen. Auf eine Mehrfachbezeichnung wird in der Regel zugunsten einer besseren Lesbarkeit verzichtet.

FERRI ABOLHASSAN

wolle
kö
mac

**Wie Leidenschaft
Wissen schafft**

Für die Service-Championsleague braucht es drei Dinge: Wollen. Können. Machen. Nämlich Kunden begeistern wollen, sie begeistern können und es dann auch zu tun. Telekom-Servicechef Dr. Ferri Abolhassan zur Evolution des Service – oder warum es Fachlichkeit braucht, um Kunden zu Fans zu machen.

nnnen
hen

DR. FERRI ABOLHASSAN

SAP, IDS Scheer, T-Systems – den Berufsweg von Ferri Abolhassan begleitete Technologie lange Zeit als Wunderwaffe schlechthin. Mit seiner Berufung zum Servicechef der Telekom Deutschland entdeckte der Saarländer indes schnell eine zweite „Superkraft" und ist seither fest überzeugt: Gerade in digitalen Zeiten macht der Mensch den Unterschied – ganz besonders im Kundenservice. Damit sich diese Kraft an der Schnittstelle zum Kunden voll entfaltet, braucht es neben emotionaler Intelligenz auch eine hohe Fachlichkeit. Das sind für den promovierten Informatiker zwei Seiten einer Medaille. Denn erst das nötige (Fach-) Wissen und die Bereitschaft, jeden Tag hinzuzulernen, versetzen Menschen, die helfen wollen, in die Lage, tatsächlich helfen zu können.

Waren Sie schon einmal in der Hamburger Elbphilharmonie? Meine Frau und ich sind große Fans. Wir lieben ihre außergewöhnliche Architektur und Atmosphäre. Darum hatten wir uns auch sehr auf das Konzert von James Blunt im Rahmen der Telekom Street Gigs gefreut. Am Abend des 11. März 2020 wollte der britische Singer-Songwriter in der „Elphi" vor mehr als 2.000 Zuschauern auftreten.

Doch dann kam alles anders: Am selben Tag stufte die WHO den Ausbruch des Coronavirus als Pandemie ein. Kurzfristig entschied sich die Telekom gemeinsam mit James Blunt, sein Konzert ohne Zuschauer stattfinden zu lassen und rein digital zu übertragen. Was als Notnagel gedacht war, führte zu einem phänomenalen Ergebnis: Fast 1,7 Millionen Fans waren schließlich im kostenlosen Live-Stream übers Internet dabei.

Pandemie zwingt zum Improvisieren
Als Betreiber einer kritischen Infrastruktur sind wir zwar krisenerprobt und haben etliche Notfallpläne in der Schublade. Aber eine Pandemie hatte auch für uns eine völlig neue Dimension. Innerhalb kürzester Zeit mussten wir viele Dinge neu denken, wir mussten improvisieren, flexibel und unbürokratisch handeln, um das Beste aus dieser Situation zu machen – für unsere Mitarbeiter, unsere Kunden und unsere Gesellschaft insgesamt.

Dabei galt es einen schwierigen Spagat zu meistern: Auf der einen Seite die Gesundheit unserer 30.000 Mitarbeiter zu schützen, auf der anderen Seite sicherzustellen, dass unsere 60 Millionen Privat- und Geschäftskunden Mobilfunk, Festnetz und Internet jederzeit nutzen können. Weil unsere Netze sich in Zeiten von Corona und Kontaktbeschränkungen oft zum zentralen Kommunikationskanal für Familien, Unternehmen und Behörden entwickelten, bekam ein tadelloser Kundenservice schlagartig eine neue gesellschaftliche Dimension.

Mit enormer Leidenschaft, Flexibilität und Empathie haben unsere Servicekräfte, und auch die Kollegen aus der Technik und den Shops, tagtäglich unseren Claim „Erleben, was verbindet" für unsere Kunden mit Leben gefüllt. Unsere Mitarbeiter sind ein ums andere Mal die berühmte Extrameile gegangen, um wirklich jedes Anliegen zu lösen. Sie haben eindrucksvoll gezeigt, dass wir mit vereinten Kräften alles schaffen können. Gleiches gilt für so viele andere Helden des Corona-Alltags, wie etwa die Krankenschwestern und Ärzte, die Altenpfleger und Kassierer, die Lokführer und Polizisten. Sie alle und viele andere mehr haben uns Tag für Tag vor Augen geführt, dass der Mensch die Superkraft ist, auf die es in solch entscheidenden Momenten ankommt. Nicht nur die viel zitierte fortschreitende Digitalisierung, auch das „Momentum Mensch" hat durch die Pandemie noch einmal einen gewaltigen Schub erfahren.

Begeisternder Service braucht hohe Fachlichkeit
Noch heute stimmt, was der römische Bischof Augustinus von Hippo schon 400 Jahre nach Christus sagte: „Nur wer selbst brennt, kann das Feuer in anderen entfachen." Doch für einen begeisternden Service genügt es nicht, helfen zu wollen. Ich muss auch helfen können! Nichts ist für Kunden frustrierender als ein Servicemitarbeiter, der vor gibt, helfen zu wollen, aber dazu gar nicht fähig ist. Neben der emotionalen Intelligenz braucht es die kognitive Intelligenz. Das sind für mich zwei Seiten derselben Medaille. Nennen Sie es fachliches Wissen, Know-how, inhaltliche Kompetenz oder Kennerschaft. Ich sage gern Fachlichkeit dazu. Erst sie versetzt mich in die Lage, eine Leidenschaft zu entfachen, die dem Kunden tatsächlich hilft.

Doch diese Fachlichkeit, die es braucht, um an der Spitze mitzuspielen, ist aus meiner Sicht in der vergangenen Dekade etwas kurz gekommen. Nicht nur bei uns im Service, sondern generell in Deutschland. Wir haben uns stark darauf konzentriert, unsere vermeintliche Schwäche zu überwinden und an unserer emotionalen Intelligenz gearbeitet. Dieses Umdenken war, nicht nur im Dienstleistungssektor, absolut richtig und überfällig. Doch darf das Austarieren von Empathie und Fachlichkeit nicht zu einem Ungleichgewicht führen, in dessen Folge unsere kognitiven Fähigkeiten zu stark in den

Hintergrund rücken. In diesem Sinne ist „EQ vor IQ" – für viele schon zum neuen Credo gereift – ein tückisches Missverständnis. Nur mit einer gesunden Balance von beidem werden wir in der Lage sein, das Tempo mitzugehen, das uns von zwei Seiten gleichsam diktiert wird. Zum einen geben unsere Kunden und ihre berechtigten Erwartungen den Takt vor, ganz besonders aber die Digitalisierung, die uns nicht zuletzt die eigenen Produkte und Services ständig weiterentwickeln lässt.

Es ist überaus wichtig, unsere Social Skills aufmerksam zu pflegen. Aber das darf nicht den Blick darauf verstellen, dass die eigentlichen Hebel zu mehr Fachlichkeit in vielen Unternehmen längst noch nicht vollständig erkannt und konsequent genutzt werden. Angefangen bei der Organisationsstruktur, die zu oft noch in Silos operiert, statt auf Agilität und bereichsübergreifend flache Hierarchien zu setzen, über die Transparenz und Einfachheit ihrer Prozesse bis zur Nahbarkeit der handelnden Akteure in einem zeitgemäßen Rollenverständnis.

So gehört für mich zur aufgeklärten Rolle als Führungskraft zum Beispiel zwingend das Vorleben einer gesunden Feedback- und Fehlerkultur. Um es deutlich zu sagen: Sich selbst für unfehlbar zu halten, ist vermutlich der größte Fehler überhaupt. Das gilt für Mitarbeiter auf allen Ebenen. Denn unser Umgang mit Pannen, wie sie Menschen aller Hierarchieebenen nun einmal unterlaufen, hat das Potenzial zu einem – nicht selten sogar kollektiven – Korrektiv. Weil Fehltritte und ihre Aufarbeitung, sobald sie kommuniziert werden, zur Quelle neuen Wissens und Lernens werden.

Basics im Auge behalten

Aber zurück zur Fachlichkeit. Ich finde es zwar wichtig und richtig, dass wir uns nicht nur mit dem WAS, sondern auch mit dem WIE beschäftigen. Doch dürfen wir dabei die Grundlagen nicht aus den Augen verlieren. Das fängt für mich in der Schule an. Natürlich hat jeder Schüler seine Lieblingsfächer. Doch nur weil die MINT-Fächer regelmäßig nicht dazugehören, darf man sie nicht vernachlässigen. Von der Physik über die Informatik bis zur Elektrotechnik – diesen Bereichen, auch als späteres Berufsfeld im Arbeitsmarkt, zum Beispiel über Gamification, spielerisches Lernen, neue Attraktion zu verleihen, wird aus meiner Sicht völlig unterschätzt. Ein Dilemma, das sich aber über die universitäre Ausbildung fortsetzt und schließlich in ein fragwürdiges Rollenverständnis in den Unternehmen mündet. So halte ich es durchaus für einen Zugewinn, wenn Führungskräfte auch in fachlicher Hinsicht ein Vorbild sind und ihren Teams bereichsübergreifend fundiertes Wissen vermitteln können.

Früher war zum Beispiel undenkbar, dass ein Handwerker während eines Kundentermins plötzlich noch einmal in den Betrieb fährt, weil er nicht das richtige Werkzeug oder Material dabei hat. Damals waren die meisten Handwerker gut ausgebildet und vorbereitet – und machten erst Feierabend, wenn beim Kunden alles tipptopp war. Das weiß ich als gelernter Elektroinstallateur aus eigener Erfahrung. In den 80er-Jahren hat mich mein Vater oft allein auf Baustellen geschickt, um Elektroinstallationen auszuführen. Ohne Auto und Handy musste ich damals das nötige Material und Werkzeug im Vorfeld genau planen und sämtliche auftauchenden Probleme selbst vor Ort lösen. Ohne die nötige Fachlichkeit wäre ich viele Male kläglich gescheitert.

„Fachlichkeit versetzt mich in die Lage, eine Leidenschaft zu entfachen, die dem Kunden tatsächlich hilft."

> „Wenn die Halbwertszeit von Wissen gegen Null tendiert, ist Fachlichkeit mit Blick auf unsere Wettbewerber buchstäblich ein (Über-)Lebensmittel."

Keine Frage, die Arbeitswelt dreht sich heute in einer anderen Geschwindigkeit. Durch Globalisierung und Digitalisierung ist unsere Welt extrem schnelllebig geworden. Die Produktlebenszyklen werden immer kürzer, und alles, was vernetzt werden kann, wird vernetzt. Dadurch wird auch unser Zuhause zu einer Schaltzentrale und die Heimvernetzung zunehmend komplexer. Genau deshalb plädiere ich für eine neue Fachlichkeit im Service. Viel zu häufig erlebe ich im privaten wie im beruflichen Umfeld, dass es an dem nötigen Sachverständnis mangelt, das der täglich zunehmenden Komplexität unserer Produkte und Services gerecht wird – und das unsere Kunden von uns auch erwarten dürfen. Nur wenn wir fachlich so fit bleiben, dass wir das Tempo der Digitalisierung und des technischen Wandels mitgehen können, sind wir auch künftig in der Lage, unseren Kunden wirklich zu helfen.

Insofern macht es im Ergebnis nicht nur Spaß, sich neues Wissen anzueignen, sondern es lohnt sich auch. Allein die Dynamik der täglichen Entwicklung macht Wissen an sich zur Momentaufnahme. Das bedeutet: Wenn die Halbwertszeit von Wissen gegen Null tendiert, ist Fachlichkeit im Beruf für uns quasi ein Frischhalteprodukt. Mit Blick auf unsere Wettbewerber buchstäblich ein (Über-)Lebensmittel.

Was tun wir nun dafür, um unsere Menschen auch so fit zu machen, dass ihr Können den ständig steigenden Anforderungen im Markt gerecht wird? Was erwarten wir von ihnen und wie können wir sie als Unternehmen dabei unterstützen?

Ausgelernt war gestern
Die Telekom ist einer der größten Ausbildungsbetriebe Deutschlands. Allein im September 2020 haben 1.450 junge Menschen ihre berufliche Karriere in unserem Konzern gestartet. Und an dieser Stelle fängt unsere Aufgabe schon an. Zum einen müssen wir jungen Leuten vermitteln: Soft Skills wie Empathie, Freundlichkeit, Hilfsbereitschaft und Vertrauen sind unglaublich wichtig, denn sie unterscheiden uns von intelligenten Maschinen. Dieses Pfund an Alleinstellungsmerkmalen auszuschöpfen, ist im täglichen Umgang mit Kunden und Kollegen essenziell. Zugleich müssen wir uns selbst und

unseren jungen, neuen Mitarbeitern aber auch deutlich machen, dass Fachwissen wichtig ist. Und damit meine ich nicht nur das Produkt- und Tarifwissen. Tadellosen Service können wir von der Telekom nur leisten, wenn wir heute auch fähig sind, unsere Kunden fachlich durch den Dschungel des Smarthome zu lotsen. Computer, Laptops, Smartphones, Sprachassistenten, Fernseher, Musiksysteme – für eine Vielfalt intelligenter Geräte ist das heimische WLAN so etwas wie die Auffahrt zur Datenautobahn. Doch steigt mit den Nutzungsmöglichkeiten des Heimnetzwerks auch seine Komplexität. Wenn immer mehr Geräte im Smarthome untereinander kommunizieren, wird eine stabile und zuverlässige Vernetzung zur echten Herausforderung. Zu wissen, dass genau darin die Ursache unterschiedlichster Probleme eines Kunden liegen kann, erfordert schon auch Grundkenntnisse der Elektromagnetik. Früher gab es aus gutem Grund die fundierte Ausbildung zum Fernmeldehandwerker, die auf genau solche Fragestellungen vorbereitet hat, da müssen wir wieder verstärkt hin. Bei der Telekom arbeiten wir deshalb daran, physikalische Grundlagen wieder stärker zum Gegenstand der Ausbildungsberufe zu machen. Allein um festzustellen, ob nun Router, Internetanschluss oder eine fehlerhafte Vernetzung zum Störfaktor wurde. Ob die Stereoanlage im Wohnzimmer, das Aquarium der Kinder, die Fußbodenheizung oder die zentrale Fensterschließanlage im Haushalt des Kunden für Frust sorgt. Dass wir den Begriff Smarthome für unser Zuhause noch zur Jahrtausendwende gar nicht kannten, macht deutlich, mit welcher exponentiellen Entwicklung der Telekommunikation unser Wissen und Lernen Schritt halten muss.

Und damit bin ich beim Stichwort Millennial bzw. bei der Generation Y. Früher hieß es: „Was Hänschen nicht lernt, lernt Hans nimmermehr." Mag sein, dass diese Mahnung an die Adresse von Schulanfängern heute noch fruchtet. Riskant jedoch ist die mögliche Ableitung: Als Erwachsener sei „Hans" mit dem Thema durch. Das Gegenteil ist der Fall. „Ausgelernt" war gestern. In der Gegenwart braucht es daher aus meiner Sicht ein anderes Grundverständnis dessen, worauf es im Leben ankommt: Die Bereitschaft, Tag für Tag Neues lernen zu wollen. Dazu gehört die Einsicht, dass Lernen keine Strafe ist, sondern ein Geschenk, das jeden Einzelnen von uns ein Leben lang weiterbringt.

„Ich habe keine besondere Begabung, sondern bin nur leidenschaftlich neugierig." Albert Einstein

Eingespielte Dinge anders zu machen, fällt uns schwer. Unser Gehirn hat seine Routinen, schon weil ein Grundbedürfnis an Sicherheit in der Natur des Menschen liegt. Deshalb gehen wir gern den Weg des geringsten Widerstands und machen Dinge so, wie wir sie immer machen, weil wir es so gelernt haben. Das ist einfach, bequem – und funktioniert ja zumeist auch ganz gut für uns. Das Fatale daran: Die Erfahrung, dass wir auf diese Weise scheinbar weniger Fehler machen, lässt uns Veränderungen mit Abwehr und Skepsis begegnen und verbarrikadiert uns vor neuen Erkenntnissen. Doch gerade das spielt für unsere permanente persönliche Weiterentwicklung eine entscheidende Rolle. Die Neugier, dieses ständige Hinterfragen und Verbessern macht uns doch einzigartig und hat uns als Menschheit immer weitergebracht.

Bleibe neugierig und wachse

Mit genau diesem Verständnis erwarte ich von meinen Kollegen im Service – auch von der Geschäftsleitung – nicht nur, tagein tagaus helfen zu wollen, sondern auch die innere Bereitschaft, tagein tagaus lernen zu wollen. Wir sollten Spaß daran haben, unser Wissen jeden Tag ein Stückchen zu erweitern – freiwillig. Und nicht, weil es jemand von uns verlangt. Für diesen Schlüssel zur persönlichen Weiterentwicklung ist das Wollen, das eigene Mindset, eine zentrale Voraussetzung. Meine Kollegin Birgit Bohle, Personalchefin des Telekom-Konzerns, spricht gern davon, dass sich jeder Mitarbeiter als „CEO seiner eigenen Entwicklung" verstehen sollte. (s. Interview Seite 158) Ich finde das ein schönes Bild. Es ist letztlich eine Frage der Haltung. Es liegt in unserer Hand, ob wir uns mit dem Status Quo zufriedengeben oder bereit sind, in den nächsten Schritt zu investieren. Zu den sechs „Guiding Principles" der Telekom gehört neben der Leitlinie „Begeistere unsere Kunden" daher auch die Devise „Bleibe neugierig und wachse". Das zeigt, wie fest der Gedanke der persönlichen Weiterentwicklung in unserer DNA verankert ist.

An dieser Stelle kommt Managern und Führungskräften eine besondere Rolle zu. Hohe Ansprüche, die wir an unsere Mitarbeiter stellen, müssen wir zuallererst selbst erfüllen, als Vorbild in Sachen Lernen. Indem wir vorleben, dass es Spaß macht zu lernen und, dass Wissen jeden Einzelnen von uns in seiner Entwicklung voranbringt. Zugleich machen wir dann gemeinsam die Erfahrung, dass unser individueller Fortschritt als gebündelter Lernerfolg das Team als Ganzes nach vorne trägt.

Freiraum für Coachings und Reflexion

Doch ist Weiterbildung zum Wohle des Arbeitgebers keine Freizeitaufgabe. Dafür braucht es Freiraum im Arbeitsalltag – für Trainings, Coachings und den fachlichen Austausch. So lässt sich auch mit den direkten Vorgesetzten identifizieren, an welchen Stellen Mitarbeiter noch Entwicklungspotenzial haben. Es ist wie im Fußball: Ein guter Coach sorgt dafür, dass seine Spieler jeden Tag ein bisschen besser werden und stellt dafür das nötige, teils individuelle Training zusammen. Zugegeben, Fußballer müssen allenfalls zweimal die Woche „liefern". Und dann zumeist auch nur jeweils 90 Minuten. Den Rest ihrer vertraglichen Arbeitszeit nutzen sie und die Trainer, um die Mannschaft besser zu machen. Nur wenn sich das gesamte Team stetig weiterentwickelt, schafft man es bis in die Championsleague. Mit welcher Logik sollten also Führungskräfte im Unternehmen ihren Teams, die in der Regel ca. 36 Wochenstunden „liefern" sollen, den Freiraum verwehren, wenigstens drei Stunden die Woche zu trainieren, zu reflektieren und an sich zu arbeiten?

Um unseren Team Managern die u. a. dafür nötige Orientierung zu geben, haben wir bei uns im Service 2019 die sogenannten „Führungsanker" ausgeworfen. Diese setzen dort an, wo Führen und Fachlichkeit beginnen: bei mir selbst! Ich muss mir erst einmal klar werden, wie ich als Führungskraft aufgestellt bin, welches persönliche Mindset mich auszeichnet, was meine Glaubenssätze und Verhaltensmuster sind. Erst dann kann ich an mir selbst arbeiten und für meine Mitarbeiter zum bestmöglichen Coach werden.

„'Ausgelernt' war gestern. In der Gegenwart braucht es die Bereitschaft, Tag für Tag Neues lernen zu wollen."

Varianz des Lernens
Über die unterschiedlichen Ansätze, sich selbst und andere nicht nur fachlich weiterzuentwickeln, werden Teamleiterin Carina Barg und HR-Chef Albert Henn in diesem Buch am Beispiel der „Führungsanker" und unserer sogenannten „Führungswerkstätten" ausführlich berichten. Und deutlich machen, worum es uns bei jeder dieser Maßnahmen geht: Dass unsere Kunden davon profitieren, wenn wir über Hierarchien und Bereiche hinweg aus der Einzigartigkeit und Genialität jedes Einzelnen unserer Kollegen schöpfen. (s. Beitrag Seite 34)

Deshalb haben wir nicht nur bei uns im Service, sondern im gesamten Konzern eine Reihe von Initiativen ins Leben gerufen, die unsere Mitarbeiter dabei unterstützen, selbst, persönlich und fachlich voranzukommen.

Wo liegt die Messlatte des Kunden heute? Und welche Anforderungen stellt diese an unsere Kompetenz und unsere Art des Umgangs mit ihm? Genau da liegt zum Beispiel der Fokus von WISSEN@SERVICE, einem Kompetenz Guide, der unseren Servicemitarbeitern – vom Innendienst über die Privatkundenbetreuer bis zum technischen Kundenservice – an all unseren deutschen Standorten als individuelle Weiterentwicklungsmaßnahme zur Verfügung steht.

„Erst Neugier und ständiges Hinterfragen haben uns als Menschheit immer weitergebracht."

FERRI ABOLHASSAN

Diesen praxisorientierten Ansatz wollen wir auch bei unseren Führungskräften noch stärker verankern, deshalb haben wir bei der Telekom Deutschland Anfang 2021 die „XDays" eingeführt. Ein Programm, das unserem Management die Chance bietet, mehrere Tage im Jahr direkt beim Kunden zu verbringen. Für uns im Service bedeutet das, an der Hotline mithören, mit einem Servicetechniker zu Kunden fahren, der Dispo über die Schulter schauen, bestimmte Kundenanliegen auch selbst lösen. So sollen unsere Führungskräfte sich noch besser in die Lage des Kunden versetzen können und an der Basis einen stärkeren Einblick in den Arbeitsalltag unserer Servicemannschaft erhalten. Ich finde das essenziell und bin seit meinem Start im Service regelmäßig mit bei den Kunden vor Ort oder zu Besuch bei den Kundenberatern in einem unserer Servicecenter. Denn das sind die Schnittstellen, die uns alle im Unternehmen verbinden und an denen unser aller Ehrgeiz und unsere Anstrengung zusammenlaufen müssen.

Konzernweit haben wir 2020 unsere neue Lernplattform „Percipio" gelauncht. Mit Kursen, Videos und (Hör-)Büchern zu Themen wie Führung, Emotionale Intelligenz, Business Skills, Technik & Entwicklung oder Digitale Transformation. Wir nennen diese Plattform auch unser „Netflix des Lernens". Weil die Bedienung sehr intuitiv ist und inhaltlich wirklich jeder etwas für sich und seine Interessen entdecken kann. Zusammen mit den integrierten Kursen von „Coursera" finden sich dort über 180.000 Lernmodule. So können unsere Mitarbeiter jederzeit per Rechner, Tablet oder Smartphone einfach und unterhaltsam, kostenlos und individuell ihren Wissensschatz vergrößern.

Eine weitere Möglichkeit, bei der Telekom Neues zu lernen, bietet unsere Graswurzelinitiative „Lernen von Experten". Als informelle Community ist LEX inzwischen knapp 20.000 Mitglieder stark. Allein 2020 fanden rund 2.000 Sessions statt, in denen Mitarbeiter aus einem inneren Antrieb heraus ihr Expertenwissen mit Kollegen zu unterschiedlichsten Themen teilen – vom Microsoft Office Update über Entspannungsübungen bis zu Rezepten für die beste Kohlroulade. Inhaltlich gibt es keine Grenzen. Für mich ist LEX ein Paradebeispiel für eine offene Lernkultur und dafür, wie die Verantwortung, Neues zu lernen, aus der Mitte einer Organisation heraus getragen wird. (s. Beitrag Sabine und Alexander Kluge Seite 52 und Interview Shakil Awan Seite 62)

Unter „Lernen von anderen" fällt auch – und das ist mein persönliches Premium-Beispiel – TEX, kurz für Telekom Expertenteam. Einerseits zeigt es, dass man im eigenen Unternehmen hervorragend aus Best Practices von Kollegen lernen kann. Zugleich ist das Modell ein Beispiel für Agilität, die hilft, sich fachlich untereinander und in diesem Fall sogar transatlantisch auszutauschen. TEX ist ein besonderes Modell der Kundenbetreuung, das wir bei T-Mobile USA (s. Praxisbeispiel Beitrag Claudia Thonet Seite 100) aufgegriffen und für unsere Anforderungen in Deutschland angepasst haben. Seither landen Kunden aus einer Region stets im selben Serviceteam. Dort arbeiten Mitarbeiter bereichsübergreifend zusammen und verfügen dabei über regionales Know-how. Sie kennen geografische Besonderheiten oder aktuelle Wetterlagen, und erleichtern mitunter auch schon wegen ihres gleichen Dialekts den Kontakt zum Kunden und tragen zum gegenseitigen Verständnis bei.

Fachlichkeit: eine Frage der Weitsicht
Wir sehen, die neue Fachlichkeit hat viele Dimensionen. Es braucht das Zusammenspiel diverser Faktoren, damit jeder von uns an seinen Aufgaben wachsen und an seiner fachlichen Fitness arbeiten kann. Das erfordert Mut und ist neben den Herausforderungen des Arbeitsalltags definitiv keine leichte Aufgabe. Aber es ist aus meiner Sicht alternativlos.

Schon der englische Philosoph Francis Bacon erkannte: „Wissen ist Macht". Und wurde so einer der Wegbereiter der Aufklärung. Uns im Service gibt Wissen die Macht, Menschen – wenn wir wollen, können und es richtig machen – zu helfen. Genau das aber macht uns doch „Laune". Dem haben wir uns verschrieben, und das muss unsere Leidenschaft sein. Damit für uns alle jeder Arbeitstag die Erfahrung bereit hält:

WISSEN ist MACHT und macht SPASS.

Buchtipp: Dr. Ferri Abolhassan (Hrsg.): Superkraft Mensch. Warum der Mensch im Service den Unterschied macht, Frankfurter Allgemeine Buch, 2020

wilpen

Ob wir etwas lernen, ist immer eine sehr individuelle Frage. Vor allem müssen wir es wollen. Die besten Organisationsstrukturen nützen nichts, wenn die Menschen nicht mitziehen. Aber was erzeugt eine positive Haltung zu lebenslangem Lernen und neuen Herausforderungen – und wie entsteht Wandel, der von Einzelnen angestoßen wird? Dafür brauchen wir das entsprechende Bewusstsein, echte Veränderungsbereitschaft, Tatkraft und nicht zuletzt einen – manchmal eisernen – Willen.

Willens-kraft ist die *stärkste Kraft*

– im Leben wie im Business

Der ehemalige Boxweltmeister Dr. Wladimir Klitschko hat aus seiner Lebensphilosophie eine Methode gemacht. Sie hilft Einzelpersonen, Herausforderungen erfolgreich zu meistern und Organisationen, Transformation nachhaltig zu bewirken.

Herr Klitschko, Sie haben bereits mit 14 Jahren mit dem Boxen angefangen. War das zunächst nur ein Hobby oder hatten Sie schon als Kind den Wunsch, Profiboxer zu werden?

Auf die Gefahr hin, Sie zu enttäuschen: Nein, ich habe mich nicht auf den ersten Blick in den Boxsport verliebt. Der Boxsport war für mich eher ein Werkzeug, um zu reisen und aus diesem riesigen Gefängnis, das die Sowjetunion war, herauszukommen. Jeder Kampf war für mich wie eine kleine Befreiung, eine Gelegenheit, die Welt zu sehen, meinen Horizont zu öffnen. Dann erlaubte mir dasselbe Werkzeug, mich zu vervollkommnen, zu werden, wer ich bin und die Tatsache zu erkennen, dass Herausforderungen meine treibende Kraft im Leben sind. Die Liebe zum Boxen kam später, etwa im Alter von 26 Jahren.

Im Laufe der Jahre haben Sie eine Bilderbuchkarriere hingelegt: vom Junior-Europameister über den Amateur-Olympiasieger bis hin zum mehrfachen Profi-Weltmeister. Wieviel davon war Talent, wieviel harte Arbeit?

Ich würde sagen, 50/50. Mit einem kleinen Schwerpunkt auf Arbeit. Das Talent war bestimmt von Anfang an da, latent, aber es brauchte einen Erkenntnisprozess, um aufzutauchen und brauchte die Arbeit, um sich auszudrücken. Als ich 14 war, habe ich meine ersten beiden Kämpfe verloren. Und den dritten sehr knapp gewonnen. Ich verstand dann die Hauptsache: Wenn ich nicht vom Gewinnen besessen bin, hat es keinen Sinn, in den Ring zu steigen. Ich erkannte dies, weil mein Körper litt, ich spürte die Folgen der fehlenden Willenskraft. Die Wahl war einfach: Entweder kriege ich das „Pizza-Gesicht" oder mein Gegner. Ich habe mich für Letzteres entschieden. Zusammenfassend kann man sagen: 50/50, aber vor allem 100 % besessen sein.

Wie haben Sie es geschafft, jeden Tag ein bisschen besser zu werden und Ihre Superkräfte voll zu entfalten? Welche Eigenschaften haben Ihnen dabei geholfen?

Ausgezeichnete Frage! Nur mit einem eisernen Willen kann man seine Ziele erreichen. Wie entwickeln wir diesen? Mit Focus, Agility, Coordination und Endurance (Ausdauer). Kurzum „F.A.C.E.". Das ist der Name meiner Methode. Und in der Tat, die Ausdauer entwickelt sich von Tag zu Tag. Es ist nämlich so: Die Ziele stehen auf dem Altar, sterben aber im Alltag. Es reicht nicht aus, sie von Zeit zu Zeit zu bewundern, man muss jeden Tag an ihnen arbeiten. Der Alltag ist das eigentliche Schlachtfeld, um voranzukommen und unseren Zielen näher zu kommen. Ich habe eine andere Eigenschaft,

F. + **A.** + **C.** + **E.** = **Willenskraft**

Focus: Was will ich erreichen?

Agility: Wie will ich meine Challenge meistern?

Coordination: Mit wem und womit kann ich es schaffen?

Endurance: Wie kann ich durchhalten und dranbleiben?

> „Die Ziele stehen auf dem Altar, sterben aber im Alltag. Es reicht nicht aus, sie von Zeit zu Zeit zu bewundern, man muss jeden Tag an ihnen arbeiten."

die mir sehr hilft: Ich bin extrem neugierig. Und so experimentiere ich, um die tägliche Routine zu durchbrechen, ständig, mit meinem Körper, mit meinem Geist. Auf diese Weise habe ich mich kontinuierlich weiterentwickelt.

Sie haben von Anfang an nicht nur Ihren Körper, sondern auch Ihren Geist trainiert und bereits mit 25 Jahren in Sportwissenschaft promoviert. Welche Bedeutung hatte dieses fachliche Wissen für Ihre Karriere?
Diese Doktorarbeit hat einen sehr konkreten Einfluss auf meine Karriere gehabt. Die Schlussfolgerung bestätigte meinen damals kurzen Erfahrungsschatz und zeigte, dass jeder Sportler sein eigenes Trainingsprogramm definieren sollte. Jeder Sportler kann ein ausgeprägtes Bewusstsein für seinen Körper und dessen Bedürfnisse entwickeln. Was die Rolle der mentalen Stärke angeht, so sei klar gesagt: Es ist im Endeffekt immer der Kopf, der den Boxhandschuh hält. Um diesen Aspekt zu meistern, muss man durch das Leiden gehen, um sich selbst kennenzulernen. Wenn Sie es nicht fühlen, können Sie es nicht lernen. „Brain and Power", Körper und Geist zu verzahnen, darum geht es.

Im Laufe Ihrer Karriere haben Sie mit renommierten Coaches zusammengearbeitet. Welcher davon hat Sie am meisten geprägt und warum?
Sie alle haben mir etwas beigebracht, aber derjenige, der den größten Eindruck auf mich gemacht hat, war ohne Zweifel Emanuel Steward. Oft wollen Trainer den Sportler in ihr Schema hineinpressen. „Manny" war genau das Gegenteil. Er war sehr einfühlsam und ein hervorragender Zuhörer. Er konnte sich ideal in mich hineinversetzen. Und auch in meinen Gegner ... Er wollte mich wirklich verstehen. Natürlich war er kritisch, aber er ermutigte mich auch und machte mir viele Komplimente über das, was schon funktionierte. Er hat mich so respektiert, wie ich war. Und er wollte wissen, wohin ich gehen wollte, und, wie er sagte, er könne mir helfen dort zu landen ... wenn ich es wollte. Kurz gesagt, er hat nicht versucht, mich zu ändern. Das ist die Lektion, die ich gelernt habe und die wir bei Klitschko Ventures ebenfalls anwenden: Change Management funktioniert nicht. Es geht eher um „Challenge Management", darum, dem Einzelnen und der Organisation zu helfen, ihre eigene Herausforderung zu gestalten und zu meistern.

Sie sprechen lieber von Challenge Management und halten das Konzept des Change Managements also für überholt?
Wenn ich die Willenskraft habe, Dinge zu verändern, führt das nicht zu einer Reaktion, sondern zu einer Aktion. Ich gestalte den Wandel aktiv. Darum betrachten wir das oft zitierte Change Management als überholt. Bei Klitschko Ventures reden wir lieber vom Challenge Management. Durch Challenge Management werden Organisationen resilienter und agiler für die ständigen Veränderungen, die auf sie warten. Und die aktuelle Pandemie lässt uns nur erahnen, welche Herausforderungen die Zukunft noch für uns bereithält.

Mit dem Team von Klitschko Ventures geben Sie Ihre Erfahrungen und Ihr Wissen weiter – an Einzelpersonen und an Firmen. Warum ist es Ihnen eine Herzensangelegenheit, Ihren Wissensschatz mit möglichst vielen Menschen zu teilen?
Es gab da diesen Schlüsselmoment in meinem Leben. Das war der plötzliche Tod von „Manny" im Oktober 2012. Und mit seinem Tod war auch sein Wissen für die Nachwelt verloren, weil er es immer nur im 1:1 von Trainer zu Athlet weitergegeben hatte. In diesem Moment beschloss ich, es anders zu machen und möglichst viele Menschen an den Erfahrungen und Erkenntnissen meiner Profikarriere teilhaben zu lassen. Ich möchte jedem dabei helfen, ein selbstbestimmtes Leben zu führen und seine Träume zu verwirklichen. Das ist seither meine Mission.

Aus Ihrem Expertise-Transfer haben Sie eine Methode entwickelt, die jedem helfen soll, die selbstgesteckten Ziele zu erreichen. Wie lautet Ihre Formel?
Ich habe nicht nur die Willenskraft als meine persönliche Superkraft entdeckt. Jeder kann diese Kraft gezielt trainieren und stärken, daher haben wir gemeinsam mit meinem Team um Tatjana Kiel, CEO Klitschko Ventures, die Formel entwickelt, die auf den vier Kernfähigkeiten Focus, Agility, Coordination und Endurance basiert und zu mehr Willenskraft führt:

Bei Fokus geht es um Selbstreflexion und die Definition der individuellen Herausforderung. Agilität steht für die Selbstwirksamkeit. Hier entwerfe ich meinen eigenen Plan und versuche, beweglich zu bleiben – auch wenn der Weg einmal versperrt ist und Umwege nötig sind. Es folgt die Koordination. Ich orchestriere nicht nur meine Fähig-

„Wenn Sie es nicht fühlen, können Sie es nicht lernen. ‚Brain and Power', Körper und Geist zu verzahnen, darum geht es."

keiten, sondern auch mein Team und meine Umgebung. Zu guter Letzt die Königsdisziplin: das Durchhaltevermögen. Mit Selbstdisziplin stelle ich sicher, dass ich dranbleibe und meinen Plan umsetze. Mit F.A.C.E. kann ich jede Challenge im persönlichen und unternehmerischen Umfeld meistern.

> **DR. WLADIMIR KLITSCHKO**
>
> Mit 14 Jahren begann Wladimir Klitschko mit dem Boxen. Als Amateur holte er 1996 bei den Olympischen Spielen in Atlanta die Goldmedaille im Superschwergewicht. 2000 gewann er seinen ersten Weltmeistertitel als Profi. Ein Jahr später promovierte er in Sportwissenschaft. Vier weitere WM-Titel und etliche Titelverteidigungen folgten. 2017 beendete „Dr. Steelhammer" seine Boxkarriere als der am längsten amtierende Schwergewichtsboxer aller Zeiten. Heute versteht sich Wladimir Klitschko als Challenge Master. Mit seinem Unternehmen Klitschko Ventures hat er die Methode „F.A.C.E. the Challenge" entwickelt, die Menschen und Unternehmen bei der Stärkung ihrer Willenskraft unterstützt.

Für wen und in welchen Situationen ist Ihre F.A.C.E.-Methode erfolgsversprechend?

Unsere Methode hilft dabei, die eigenen Blockaden zu lösen und ins Handeln zu kommen. Darum ist sie wirklich für alle geeignet, die ihre individuellen Challenges erfolgreich angehen möchten – egal, ob Privatpersonen, Teams, Unternehmen oder Organisationen. Wir möchten den Menschen mit unserer Methode ein Werkzeug an die Hand geben, ihre Umsetzungsenergie zu wecken. F.A.C.E. ist ein universelles Zielerreichungstool, das von jedermann sehr einfach anzuwenden ist. Wer jedoch unsere Methode lieber unter Anleitung nutzt, dem bietet Klitschko Ventures zusätzlich Online- und Offline-Camps, Einzelcoachings und Teamentwicklungen an. Unternehmen unterstützen wir in der strategischen Planung und operativen Umsetzung ihrer Transformationsprozesse durch diverse Beratungs- und Trainingsleistungen.

Eine Ihrer zentralen Botschaften lautet „Lerne immer weiter". Warum ist das in heutigen Zeiten so wichtig?

Unsere Welt dreht sich immer schneller, sie wird zunehmend komplexer und vielfältiger. Und Corona wirkt wie ein zusätzlicher Booster für die digitale Transformation unseres Privat- und Arbeitslebens. Unternehmen müssen, wie gesagt, etliche Veränderungsprozesse parallel managen und Arbeitnehmer sich darauf einstellen, dass viele der Tätigkeiten, die es heute noch gibt, künftig automatisiert werden. Gleichzeitig entstehen neue Jobs, die sich immer wieder wandeln werden. Darum sage ich: Verlassen Sie sich nicht nur auf das, was Sie vor Jahren gelernt haben. Um mit den Veränderungen um uns herum Schritt zu halten, müssen wir uns selbst permanent weiterentwickeln. Ich persönlich lerne für mein Leben gern. Es hat mich schon immer gereizt, an Themen dranzubleiben, bis ich sie gänzlich verstanden habe. Mein Rat lautet: Bleiben Sie neugierig, machen Sie das Lernen zu Ihrer Leidenschaft und die Welt zu Ihrem Lehrer.

Buchtipp: Dr. Wladimir Klitschko & Tatjana Kiel: F.A.C.E. the Challenge: Entdecke die Willenskraft in dir!, Ariston, 5. Auflage 2020

CARINA BARG UND ALBERT HENN

Die Führungs-anker

Mit Herz zum weltbesten Service führen

Zwei, die mit Leidenschaft daran arbeiten, im Telekom Service ein gemeinsames Führungs- und Kulturverständnis zu schaffen, geben Einblick in ihre Überlegungen und Strategien: Albert Henn, Personalchef Deutsche Telekom Service GmbH und Deutsche Telekom Außendienst GmbH, und Carina Barg, Leiterin des Teams Führungsanker & Top Ziele im Telekom Service. Ihr gemeinsames Ziel: eine menschenorientierte und von Selbstverantwortung und persönlichem Wachstum geprägte (Führungs-)Kultur.

Unsere Kunden lieben uns! Sie bleiben uns treu, auch wenn einmal etwas schiefläuft – ja, sie unterstützen uns sogar mit ihren kreativen Ideen, immer besser zu werden. Sie verteidigen uns gegenüber Nörglern und wollen möglichst viele aus ihrem Freundes- und Bekanntenkreis davon überzeugen, dass sie bei uns in den besten Händen sind. Unsere Kunden sind unsere Fans! Was für eine faszinierende Vision.

Haben wir das schon ganz geschafft? Nein, es wäre vermessen zu behaupten, dort schon angekommen zu sein. Aber wir haben dafür bereits sehr gute Grundlagen, die richtige Strategie und vor allem die uns in dieses Ziel tragende Führungs- und Unternehmenskultur. Dazu gehört für uns, jede Kundin und jeden Kunden immer wieder aufs Neue zu überzeugen vom besten Netz, innovativen Produkten und einem herausragenden, empathischen Service: Wir wollen den weltbesten Service anbieten, dieses Ziel haben wir uns intern gesetzt – und kein geringeres. Dieser Service zeichnet sich durch höchste fachliche Kompetenz aus, vor allem aber durch die persönliche Leidenschaft unserer etwa 28.000 Mitarbeitenden, die täglich dafür brennen, unseren Kunden das perfekte Serviceerlebnis zu bieten.

„Neben Freiraum und Know-how ist es auch eine Frage der Haltung, wie schnell wir auf dem Weg zum besten Service vorankommen. Es kommt darauf an, dass jeder Einzelne von uns seinen Kunden gerne betreut, ihn und sein Anliegen ernst nimmt, Empathie zeigt und sich persönlich verantwortlich fühlt." Dr. Ferri Abolhassan

Paradigmenwechsel im Telekom Service: Der Mensch steht im Mittelpunkt
In 2017 wurden alle servicerelevanten Bereiche in eine übergreifende unternehmerische Verantwortung gegeben, um unsere Kunden „aus einer Hand" zu bedienen. Die Zeit bis dahin war leider allzu häufig von bereichsegoistischer Selbstoptimierung geprägt, was zum Beispiel zu deutlich teureren Außendiensteinsätzen führte, als bei einer durchaus erreichbaren höheren Erstlösungsquote im Innendienst notwendig gewesen wären. Bei der zuvor vorherrschenden finanzgetriebenen Steuerung hatten Kundenzufriedenheit und Leistungsqualität zugunsten kurzfristiger Ergebniseffekte des Öfteren das Nachsehen. Durch den starken Fokus auf Kennzahlen war das Führungsverhalten häufig von

Druck und Kontrolle geprägt, was zunehmend auf die Motivation drückte und Unzufriedenheit zur Folge hatte. Diese dysfunktionalen strukturellen und kulturellen Effekte wollten wir im neuen, integrierten Service nicht mehr zulassen: Bei der Kundenorientierung sollte und durfte es keine Kompromisse mehr geben.

Dieser Paradigmenwechsel führte – für manchen vielleicht überraschender-, aber letztlich konsequenterweise – dazu, die Mitarbeiterinnen und Mitarbeiter an die erste Stelle unserer Serviceformel zu setzen: Der Kunde steht dann im Mittelpunkt, wenn sich alles an ihm ausrichtet – und dazu brauchen wir motivierte Menschen, die die Anliegen unserer Kunden möglichst sofort lösen wollen und können! Aus diesem Verständnis heraus haben wir neue Freiräume geschaffen, unternehmerisches Denken und Handeln auf allen Ebenen gefördert, die übergreifende Zusammenarbeit verbessert und Teams in eine gesamtheitliche Verantwortung für die Lösung der Kundenanliegen gebracht (s. hierzu auch „Dr. Ferri Abolhassan (Hrsg.): Superkraft Mensch. Warum der Mensch im Service den Unterschied macht"). Die ersten Ergebnisse waren faszinierend: Steigende Werte in unserer Mitarbeiterbefragung, deutlich mehr Lösungen im ersten Schritt, eine höhere Termintreue im Außendienst, weniger Beschwerden und damit eine signifikant bessere Kundenzufriedenheit sowie deutliche Kostensenkungen bzw. Produktivitätsverbesserungen!

ALBERT HENN

Seit 1987 ist Albert Henn ein Mann der Deutschen Telekom, mit bis dato 20 Jahren Führungsverantwortung im Personalbereich verschiedener Konzerngesellschaften. Als Personaler mit Leib und Seele lebt der Rheinländer genau das, was heute Leitgedanke der Initiative „Führungsanker" im Telekom Service ist: „Mit positiver Emotionalität und für alle spürbarer Freude an der eigenen Arbeit fällt es Dienstleistern sehr viel leichter, ihre Kunden zu Fans zu machen." Dafür aber – im Sinne von Kundschaft – auch die eigene Belegschaft im Herzen zu erreichen und wirklich zu begeistern, so der HR-Chef von 28.000 Mitarbeitenden, braucht es auch ein „Führen mit Herz".

> „Der Kunde steht dann im Mittelpunkt, wenn sich alles an ihm ausrichtet – und dazu brauchen wir motivierte Menschen, die die Anliegen unserer Kunden möglichst sofort lösen wollen und können!"

„Der Mitarbeiter ist der wichtigste Kunde. Wenn es nicht gelingt, den Mitarbeitern eine Idee zu vermitteln, braucht man es bei den anderen Kunden erst gar nicht zu versuchen." Götz Werner, Gründer dm-Drogeriemarkt

Uns wurde also zunehmend klar, dass unser Vorhaben nur über zufriedene Mitarbeiterinnen und Mitarbeiter gelingen kann, wenn sich die Menschen im Unternehmen in ihrem Job wohlfühlen, sich mit ihrer Aufgabe identifizieren und idealerweise ausreichend Anerkennung und Wertschätzung erfahren. Es fällt sehr viel leichter, die Kunden wirklich zu begeistern, wenn man seine Arbeit mit Freude macht und sich aus eigener Motivation persönlich für die Lösung verantwortlich fühlt.

Doch was ist der erfolgversprechendste Hebel, um dort anzukommen? Wo haben wir angesetzt und welche Schritte führten uns dorthin? Was uns bis Anfang 2020 noch fehlte, war ein übergreifendes, gemeinsam gelebtes Verständnis für eine menschenorientierte, motivierende Führungskultur, die für ein ganzheitliches Kundenerlebnis erforderlich ist. Die nächste Evolutionsstufe eben, um Kunden wirklich zu begeistern und im Herzen zu erreichen. Aus dem Bestreben, eine gemeinsame Sprache zu entwickeln und die bereits vorhandenen Erfolgsansätze in den einzelnen operativen Segmenten zu bündeln, zu vertiefen und zu verstärken, sind unsere Führungsanker entstanden. Eine Kulturinitiative, die alle unsere Menschen im Unternehmen erreichen wird. Wir sprechen also über eine längere Reise, und dieser Beitrag ist sozusagen ein Bericht auf halber Strecke.

Die Führungsanker als gemeinsames Führungs- und Kulturverständnis
Nach mehr als 16 Jahren als Personalgeschäftsführer in verschiedenen Konzerngesellschaften der Deutschen Telekom hat Albert Henn immer wieder die Erfahrung gemacht, dass Kulturinitiativen nicht wirklich zu nachhaltigen Veränderungen geführt haben und für die Beschäftigten kaum und für Kunden gar nicht spürbar waren. Nach einem fulminanten Start sind sie meist recht schnell verklungen, verwässert, versandet. Aus diesen Erfahrungen haben wir gelernt und die Führungsanker im Telekom Service grundlegend anders aufgesetzt. Carina Barg war von Anfang an maßgeblich gestaltend mit dabei, zunächst als Assistentin und dann als verantwortliche Leiterin für die Führungsanker.

Folgende fünf Faktoren sind entscheidend dafür, dass die Führungsanker so erfolgreich gestartet sind und sich immer weiter in der Organisation verfestigen:

→ **Die Zeit war reif und wir haben uns sorgfältig vorbereitet:** Die Führungsanker sind keine „am grünen Tisch" entstandene Top-down-Initiative der Geschäftsleitung. Natürlich haben wir das Konzept und die Inhalte der fünf Anker gemeinsam in mehreren Runden in der Geschäftsleitung besprochen und angereichert, aber letztlich ergeben sie sich zum Teil als Zusammenfassung von bereits vielfältig gelebten Facetten einer mitarbeiterorientierten Führungskultur, die wir seit 2017 evolutionär gemeinsam und in den einzelnen Segmenten des Service entwickelt haben. Zudem hatten wir mit Dr. Klaus Wolff den perfekten Partner und Referenten gefunden, der das „Herz" der Führungsanker mit Leben und vor allem wertvollen Methoden zur nachhaltigen Veränderung gefüllt hat.

→ **Wir haben „Betroffene" direkt zu Beginn zu „Beteiligten" gemacht:** In fünf Pre-Führungswerkstätten haben wir die Führungskräfte gefragt, was sie brauchen, damit ihre Arbeit leichter wird, und welche Unterstützung sie benötigen, um erfolgreich zu sein. Darauf aufbauend haben wir die Führungsanker gemeinsam gestaltet und über das letzte Jahr organisch und intuitiv, immer den Puls der Organisation „fühlend", weiterentwickelt. Sie sind also eine Antwort auf echte Bedürfnisse unserer Führungskräfte.

→ **Die Führungsanker selbst:** Die fünf Führungsanker-Paare sind klar, schlicht, vollständig und beschreiben, was Führung im Kern ausmacht: Mit einer klaren Vision und daraus abgeleiteten Zielen Orientierung zu geben. Die Mitarbeitenden mit allem auszustatten, was sie für eine möglichst selbstständige Aufgabenerledigung benötigen (Empowering), so dass sie mit Vertrauen losgelassen werden können und die ihnen übertragene Verantwortung gerne annehmen. Basierend darauf kann ein faires und weiterbringendes Feedback erfolgen, also „Bilanz" gezogen werden. Dabei geht es zum einen um die Anerkennung des Erreichten, aber natürlich auch darum, Lücken in der Fachlichkeit aufzuzeigen, die es dann mit den geeigneten Lernformaten zu schließen gilt. Und schließlich müssen wir gerade bei unserem ambitionierten Ziel, Kunden zu Fans zu machen, Mut aufbringen, ganz neue Wege zu gehen, Bestehendes zu hinterfragen und kreativ zu sein, um immer wieder neu zu begeistern.

→ **Die Erkenntnis, dass Veränderung bei uns selbst beginnt:** Die herausragendste Eigenschaft, die die Führungsanker am deutlichsten von vorangegangenen Initiativen abhebt und dabei die stärkste Wirkung entfaltet, besteht darin, dass sie bei uns Führungskräften selbst, bei uns als Mensch ansetzt. Das Herzstück unser Führungsanker lautet: Ausstrahlung und Atmosphäre. Wir starten den Führungsprozess nicht erst bei der Interaktion mit den Mitarbeitenden, sondern gehen einen Schritt zurück und beginnen bei uns: Wie bin ich disponiert, was motiviert mich, wie wirke ich auf andere – und warum ist das so? Dabei steht das flammende Herz schon seit 2016 in unserer Geschäftsstrategie dafür, „Nr. 1 für unsere Kunden" zu sein. Das kann uns nur gelingen, wenn wir selbst für das brennen, was wir tun – also wenn wir mit dem Herzen führen und im Herzen erreicht werden.

→ **Freude:** Die letzte „Zutat" für das „Geheimrezept" der Führungsanker ist, dass auch wir als Führungsanker-Team selbst alles, was wir machen, mit Freude tun. Motiviert und getragen von der Vision, mit den Führungsankern etwas Sinnhaftes und Weiterbringendes für die Menschen zu schaffen, um das (Arbeits-)Leben und das Führen leichter und freudiger zu machen.

Die Führungsanker im Service: Mit Herz führen für unsere Mitarbeiter und für unsere Kunden

Die Führungsanker als Führungsverständnis bestehen also aus fünf Führungsankerpaaren, wobei die äußeren Führungsanker (Vision & Ziele, Empowering & Verantwortung, Fachlichkeit & Feedback und Mut & Kreativität) einem vermutlich auf den ersten Blick näher erscheinen, da sie die eher klassischeren Führungsthemen beschreiben und vermehrt als Kernbestandteile moderner Führung herausgestellt werden. Und dennoch sind die fünf Führungsankerpaare ganz bewusst gewählt und machen damit den entscheidenden Unterschied für die Führungskultur, die wir im Service wollen und brauchen. Sie wirken vor dem Hintergrund des ihnen zugrundliegenden positiven Menschenbildes: Wenn ich beispielsweise davon überzeugt bin, dass mein Team Großartiges leisten kann, wirkt sich das natürlich auch auf die Formulierung meiner Vision und Ziele aus und auf die Art und Weise, welche Aufgaben ich wann an mein Team gebe.

CARINA BARG

Carina Bargs Motivation, Menschen zu heben und bedingungslos in den Mittelpunkt zu stellen, festigte sich schon während ihrer dualen Studienzeit. Die einzigartige Kombination aus der anthroposophischen Philosophie der Alanus Hochschule und der Kultur bei dm-drogerie markt, die den Grundsatz verfolgt, sich gegenseitig als Mensch zu begegnen, hat sie stark geprägt. Gestartet 2018 im Stab der Geschäftsführung Personal, konnte die Wirtschaftspsychologin anschließend als Leitung des Teams Führungsanker & Top Ziele mit den Führungsankern letztendlich all das vereinen: „Wir geben Menschen Instrumente an die Hand, um sich selbst verändern und ihre Arbeit und ihr Leben leichter und mit mehr Freude gestalten zu können."

Aus gutem Grund setzen wir vor das Erreichen kurzfristiger Ziele die Orientierung an einer klaren Vision. Wenn alle im Team die – im Idealfall gemeinsam entwickelten – Ziele kennen, verstehen und sich damit identifizieren, weiß jeder viel besser, wie er seine Arbeitskraft richtig und sinnig einsetzt. Eine hohe und positive Vision ist dabei wie ein „Fixstern" für das Team. Sie definiert den Rahmen, in dem dann möglichst eigenverantwortlich gearbeitet werden kann. Auch schafft es eine viel stärkere Identifikation, wenn man sich bewusst macht, welchen Beitrag man als Team für die Erreichung der Unternehmensziele leistet.

Empowering (der deutsche Begriff „Befähigung" erschien uns zu schwach) und Verantwortung sind zwei Seiten derselben Medaille. Empowering heißt im Kern, dass ich Vertrauen in die Fähigkeiten meiner Mitarbeitenden habe, statt sie zu kontrollieren. Die Talente und Fähigkeiten wohlwollend zu sehen, damit jeder sein Potenzial, seine Fachlichkeit optimal entfalten kann. Wenn wir es wirklich ernst meinen, dass wir den Menschen bei der Führung im Blick haben, ist es Aufgabe und sogar Verantwortung einer Führungskraft, das Beste in jedem zu sehen, das Team zu heben und zu inspirieren. So dass dann jeder gerne die ihm anvertraute Verantwortung annimmt und erkennbar dazu bereit ist, die ihm übertragene „Power" und vorhandenen Handlungsfreiräume optimal zu nutzen. Dadurch schaffen wir wiederum mehr Freiräume, um die individuellen Kundenbedürfnisse optimal erfüllen zu können.

Fachlichkeit und Feedback bilden in einem technisch orientierten Service ein Liebespaar. Bester Service kann in unserer Branche nur dann perfekt und beim ersten Kontakt gelingen, wenn die Mitarbeitenden auch im technischen Detail bestens ausgebildet sind. Bei dieser hohen Relevanz für unsere Leistungsqualität bekommt Fachlichkeit auch für die Führungsarbeit eine ganz besondere Bedeutung: Es reicht eben nicht aus, wenn eine Teamleiterin oder ein Teamleiter ausschließlich in den verhaltens- oder kommunikationsbezogenen Skills coacht, die Führungskraft soll ebenso erkennen und bewerten, welche fachlichen Fähigkeiten noch erworben und ausgebaut werden müssen. Feedback soll dabei keine Einbahnstraße sein – also von der Führungskraft in Richtung Team. Mit den Führungsankern wollen wir eine kulturelle Basis schaffen, die auch wechselseitiges Feedback möglich macht, so dass wir unabhängig von Hierarchie voneinander lernen und gemeinsam wachsen: Der Kunde entscheidet, wie gut wir sind, und mein Team entscheidet letztendlich, wie gut ich führe.

Und schließlich sind Mut und Kreativität der Katalysator für einen kontinuierlichen Verbesserungsprozess, um immer wieder neue Ideen und kreative Lösungen für die Kunden zu finden. Wir wollen unsere Servicemannschaft ausdrücklich ermutigen, neue Wege redundant zu gehen. Angst und Druck hemmen Kreativität. Keiner sollte Scheu davor haben, kritische Beobachtungen mitzuteilen und konstruktive Vorschläge einzubringen, denn genau dieses vorbehaltlose Engagement und das wertvolle Erfahrungswissen jedes Einzelnen brauchen wir. Nur mit dem Anspruch, besser werden zu wollen und die Dinge richtig zu machen, können wir als Individuen, im Team und auch als Unternehmen gemeinsam wachsen.

„Sei selbst die Veränderung, die du in der Welt sehen willst." Mahatma Gandhi

Und damit kommen wir zum Herz der Führungsanker: Ausstrahlung und Atmosphäre, die nicht nur für sich ein eigenes Führungsankerpaar bilden, sondern darüber hinaus – wie schon deutlich wurde – auf alle vier weiteren Führungsanker ausstrahlen. Führen mit Herz bedeutet, den Menschen in den Mittelpunkt zu stellen, indem ich bei mir selbst beginne, mich selbst verändere und einen Blick auf meine Wirkung, meine Ausstrahlung werfe, die ich auf andere Personen in meinem Umfeld habe: Wie fühlt sich mein Team, wenn ich den Raum betrete – trage ich zur Entspannung bei oder mache ich andere Menschen nervös? Wie fühlen sich Kolleginnen und Kollegen, nachdem sie einen Termin mit mir hatten? Lade ich die „Batterien" von anderen auf? Welche Botschaften sende ich und wie sende ich sie? Stimmt das, was ich sage, auch mit dem überein, was ich wirklich sagen will? Merke ich, was mein Gegenüber gerade braucht und kann ich ihn unterstützen? Hebe ich die Menschen, mit denen ich zusammenarbeite? Dahinter steckt, dass ich nicht primär durch das führe, was ich sage, sondern dadurch, wie ich als Mensch bin. Die eigene (unterbewusste) Ausstrahlung wirkt sich auch auf die Atmosphäre im Team aus: Bin ich beispielsweise selbst entspannt und wohlwollend mir selbst gegenüber, überträgt sich das auch auf mein Team. Mit den Führungsankern wollen wir durch Freude, Akzeptanz und Entspannung eine positive

Arbeitsatmosphäre schaffen, denn wenn sich Menschen wohl und akzeptiert fühlen, sind sie zufriedener und gesünder und die Arbeit fällt leichter. Was sich wiederum in den Kundengesprächen spiegelt.

Beim Thema Führen mit Herz wird es also spannend und möglicherweise ein wenig unbequem. Aber genau darum geht es. Die Arbeit als Führungskraft beginnt bei mir selbst und dem Bewusstwerden der eigenen, oft eben unterbewussten Muster: Was prägt mich, was genau sind die Muster und Glaubenssätze, die mich auf die Menschen in meinem Umfeld reagieren lassen und aus denen heraus ich agiere? Sich in diesem Sinne regelmäßig kritisch zu hinterfragen und dabei die Kraft aufzubringen, auch zum Teil unangenehmen Wahrheiten ins Gesicht zu sehen, fällt manchmal nicht leicht, aber ist der entscheidende Punkt, um mein Team und damit letztendlich eine gesamte Organisation zu verändern. Da kann schnell der Eindruck entstehen, mit Herz zu führen sei überaus anstrengend. Aber aus eigener Erfahrung können wir bezeugen, dass die Führungsanker langfristig durch die gezielte Anwendung nachhaltiger Methoden das Leben und das Führen leichter machen!

In unseren zweitägigen Führungswerkstätten, an denen alle 1.900 Führungskräfte des Telekom Service teilnehmen, nimmt das Eisbergmodell von Carl Gustav Jung eine zentrale Stellung ein. Wir bieten in den Führungswerkstätten verschiedene Methoden an, wie wir unser Unterbewusstsein erkennen, erreichen und verändern können. Mit zum Teil verblüffend einfachen Techniken, die wir in den beiden Tagen gemeinsam einüben, erhalten die Führungskräfte neue, ergänzende und vor allem nachhaltige Instrumente für eine wirksame Führung, die ihre Mitarbeiterinnen und Mitarbeiter auch im Herzen erreicht. Wenn wir die Kraft unseres Unterbewusstseins (93 % im Vergleich zu nur 7 % Bewusstsein) gezielter einsetzen – indem wir die Kenntnis über die Ausprägung unseres Unterbewusstseins besser verstehen und nach Möglichkeit sogar zu unserem Wohl und zum Wohle aller verändern –, kann das Leben sehr viel leichter, schöner und freudiger werden. Im Ergebnis ist, wie Dr. Klaus Wolff in seinem Beitrag darlegt, „mit Herz zu führen die herausforderndste, aber auch beglückendste Form von Leadership". (s. Beitrag Seite 46)

Möglicherweise hört sich das außergewöhnlich an, insbesondere in einer breiten Anwendung für etwa 1.900 Führungskräfte. Das ist es definitiv, und in einer gewissen Weise ist es auch mutig – aber das ist ja auch unsere Erwartung an alle Führungskräfte sowie Mitarbeitende, damit wir die richtigen Veränderungen für ein neues Miteinander zum Wohle der Beschäftigten einleiten!

„Ihr habt unsere Herzen erreicht, da ist etwas in Gang gesetzt worden, was jeden Einzelnen persönlich und uns als Team gemeinsam stärker machen wird."
Teilnehmer einer Führungswerkstatt

Der Anker ist gelichtet
Auf unsere Führungsankerreise nehmen wir alle 1.900 Führungskräfte mit – aus den operativen Bereichen und dem Querschnitt, von den Mitgliedern der Geschäftsleitung bis zu den Teamleitungen. Den Auftakt bilden die zweitägigen Führungswerkstätten, die wir nach sechs Präsenzworkshops auf ein reines Online-Format umgestellt haben – was technisch sowie didaktisch hervorragend funktioniert. Es überwiegen unter dem

„Der Wunsch nach höchstmöglicher Kompetenz entsteht aus der Begeisterung für die eigenen Aufgaben und dem Lösungswillen für die Kunden."

Strich sogar die Vorteile, weil die Inhalte persönlich sehr nahegehen und dabei ein vertrautes, persönliches Umfeld als schützend und unterstützend wahrgenommen wird. Bei der Zusammensetzung der Workshops sind wir äußerst flexibel: Teilweise laden wir große, zusammenhängende Führungsbereiche ein (beispielsweise alle Führungskräfte einer Region im Außendienst), teilweise sehr gemischte Führungsteams aus allen Bereichen des Service. Bei allen Führungswerkstätten haben wir Gäste aus HR, dem Betriebsrat oder der Schwerbehindertenvertretung sowie anderen Bereichen des Konzerns dabei. Auch ist es für die Etablierung der Führungsanker sehr hilfreich, dass die für die Change- und Transformationsthemen in den Segmenten Verantwortlichen an den Workshops teilnehmen. Neben Dr. Klaus Wolff als Hauptreferent übernehmen wir in allen Führungswerkstätten die Rolle der Unternehmensvertreter, um bestmöglich eine Brücke zwischen den vermittelten neuen Erkenntnissen und der Unternehmenswirklichkeit bauen zu können. Eine Kombination, die sich im Laufe des letzten Jahres sehr bewährt hat.

Dadurch, dass sich dieses einführende Programm der Führungswerkstätten (insgesamt 30 Workshops) über anderthalb Jahre erstreckt, geben wir der Initiative die Chance, die Organisation sukzessive zu erreichen und sich nachhaltig zu entwickeln. So haben wir einen Prozess, der ständig fortschreitet und nach und nach neue Kolleginnen und Kollegen „an Bord" nimmt. Darüber hinaus bieten wir eine ganze Reihe von Vertiefungs-, Nachfolge- und Nachhaltigkeitsformaten an, um auf Führungs- und Mitarbeiterebene immer wieder die Möglichkeit zu geben, die Führungsanker zu reflektieren und zu vertiefen. So haben die Teams beispielsweise die Möglichkeit, sich im Rahmen des jährlich stattfindenden Teamdays mit dem Herzstück der Führungsanker und mit ihrem persönlichen Geheimrezept für eine gelungene Atmosphäre im Team zu befassen, um noch besser und mit Herz zusammenarbeiten zu können.

Die kulturelle Veränderung merken wir bereits an vielen Stellen, die man natürlich auch hier mit Zahlen untermauern könnte: Sei es die signifikante Steigerung der Mitarbeiterzufriedenheit und der Gesundheitsquote oder massiv weniger Beschwerden, eine deutlich höhere Kundenzufriedenheit bei stark verbesserter Erstlösungsquote. Aber es ist viel mehr als das! Jede bedeutsame Entscheidung in der Geschäftsleitung orientiert sich an unserer Serviceformel und der mitarbeiterorientierten Kultur der Führungsanker – zum Beispiel bei der Frage nach dem Erhalt von Standorten, bei der Einführung von Mobile Working als Regelarbeitsform sowie bei anderen Themen der Arbeitskonditionen wie Arbeitszeitgestaltung und Vergütungsfragen. Auch die Zusammenarbeit mit den Sozialpartnern, die die Führungsanker von Anfang an aktiv unterstützt haben, gestaltet sich noch vertrauensvoller und für alle gewinnbringender als zuvor. Wir haben eine gemeinsame Sprache, eine Vision gefunden, die die Zusammenarbeit, das Miteinander und die Arbeitswelt im Service auf allen Ebenen verändert.

„Zutrauen veredelt den Menschen, ewige Vormundschaft hemmt sein Reifen."
Freiherr vom Stein

Menschenorientierte Führung verändert auch die Art des Lernens: Wissen ist Macht und macht Spaß!
Durch das Vertrauen und die größeren Freiräume, die wir den Menschen im Service mit den Führungsankern schenken, geben wir auch einen breiten Raum für Selbstorganisation, auch und erst recht im Hinblick auf die eigene Qualifizierung und Verbesserung der fachlichen Kompetenz. Allein schon durch die größere zeitliche und räumliche Flexibilität nimmt auch Lernen eine neue Dimension ein: Der Wunsch nach höchstmöglicher Kompetenz entsteht aus der Begeisterung für die eigenen Aufgaben und dem Lösungswillen für die Kunden – denn dann macht Wissen Spaß! Diese intrinsische Motivation, sich zu qualifizieren, unterstützen wir durch selbstbestimmte Ansätze wie beispielsweise den Kompetenz Guide, der über verschiedene Fragetechniken Transparenz über das eigene Wissen schafft. Im Anschluss werden unterschiedlichste, spielerische Lernmöglichkeiten aufgezeigt, wie und wo ich mir die noch fehlenden Kompetenzen aneignen kann. Dabei wird auch der Wissensaustausch innerhalb des Unternehmens über verschiedene Plattformen genutzt, sodass man noch stärker voneinander lernen kann. Ein weiteres Element, das im ersten Schritt darauf zielt, Impulse zur Selbsterkenntnis zu geben, um das eigene Verhalten im Kundenkontakt weiterzuentwickeln, ist das Fachcoaching – eine Methode, die wir allen Führungskräften zur Anwendung in ihren Teams vermitteln. Und auch beim besseren Verstehen der Kundenbedürfnisse setzen wir auf allen Ebenen an: So bietet beispielsweise die kürzlich gestartete konzernweite Initiative XDays Führungskräften in der gesamten Organisation die Chance, „live" an der Basis unmittelbare Einblicke in die Servicearbeit zu gewinnen.

Wir kommen so unserer Vision immer näher, dass unsere Mitarbeitenden ihre Freiräume nutzen, für unsere Kunden da sein wollen und Freude daran empfinden, ihnen in bester Gesprächsatmosphäre von Mensch zu Mensch im ersten Kontakt die jeweils perfekte Lösung zu bieten. Aus unserem Menschenbild heraus sind wir zutiefst davon überzeugt, dass alle diese positiven Rahmenbedingungen schätzen und auf lange Sicht dankbar annehmen werden – und dadurch zufriedener und glücklicher werden bei besten Ergebnissen: das Unternehmen, unsere Kunden und die Mitarbeiter!

„Der Kunde entscheidet, wie gut wir sind, und mein Team entscheidet letztendlich, wie gut ich führe."

Führung mit

Der Heilpraktiker/Psychotherapie und Mentaltrainer Dr. Klaus Wolff über die herausforderndste und zugleich beglückendste Form von Leadership.

1. Das Eisbergmodell von Carl Gustav Jung und seine grundsätzliche Anfrage an jede Form von Leadership

Der Begründer der modernen Tiefenpsychologie, Carl Gustav Jung, hat die berühmte These aufgestellt, die heute wissenschaftliches Gemeingut ist, dass wir Menschen wie Eisberge sind. Will heißen: Wie der Eisberg aus einem kleinen Teil über Wasser (ca. 7 %) besteht und einem riesigen unsichtbaren Teil unter Wasser (93 %), so besteht auch der Mensch aus einem kleinen „rational erfassbaren" Teil (7 % = Bewusstsein) und einem riesigen unsichtbaren Teil (93 % = Unterbewusstsein).

Wenn man das wirklich versteht, hat diese Erkenntnis unglaubliche Sprengkraft. Denn dann wird sofort klar, dass das Unterbewusstsein die entscheidende Größe beim Thema Führung ist – und zwar beider Gesprächspartner: sowohl desjenigen, der in der Führungsposition ist, als auch desjenigen, der in der Mitarbeiterrolle ist. Man führt demnach als Mensch immer so, wie das eigene Unterbewusstsein „gestrickt" ist – und man lässt sich führen in dem Maß, in dem das eigene Unterbewusstsein es erlaubt.

Das bedeutet, dass das rationale Wissen über adäquate Führung – auch wenn rationale Klarheit unglaublich hilfreich und wichtig ist – in der Führung von Menschen nur eine sehr begrenzte Rolle (7 %) spielt. Entscheidend sind die 93 % des Unterbewusstseins: also die Kindheitsmuster, die unbewussten „Glaubenssätze" (wie „die Welt ist gut", „die Welt ist böse", „Menschen kann man vertrauen", „Menschen muss man kontrollieren", etc.) und die Bilder, die man von Eltern, Großeltern, Lehrern, den Hauptbezugspersonen in der Kindheit in sich trägt. Je nachdem, welche Bilder man in der Kindheit gespeichert hat, an welche Sätze man „glaubt", welche unbewussten „Entscheidungen" man als Kind getroffen hat, führt man als Mensch beziehungsweise lässt man sich als Mensch führen.

Herz

2. Nur die Methoden, die das eigene Unterbewusstsein erreichen, verändern uns wirklich

Wenn man sich selbst als Führungskraft in Frage stellt und weiterentwickeln will, muss man deshalb vor allem das eigene Unterbewusstsein unter die Lupe nehmen und sich fragen: Welche Bilder, die ich von Kindesbeinen an in mir trage, sind einer guten Führung zuträglich und welche sind kontraproduktiv?

Man erkennt diese Bilder indirekt: Die Talente und Begabungen, die man besitzt, verweisen auf positive Bilder im Unterbewusstsein, die Probleme und Schwierigkeiten, die man – immer wiederkehrend – im Leben hat, verweisen auf negative problematische Bilder im Unterbewusstsein. Will man sich ändern, muss man vor allem letztere anpacken. Denn nur die Methoden, die unser Unterbewusstsein erreichen und verändern, verändern uns und unsere Führung wirklich. Nur wenn die 93 % sich bewegen, wird der Mensch verändert. Alle Erkenntnis auf der 7 %-Ebene ohne gleichzeitige Veränderung des Unterbewusstseins ist wirkungslose Kosmetik oder gut gemeinte Rhetorik.

In diesem Zusammenhang wird eine Grundproblematik von Führungsseminaren deutlich, die hier angesprochen werden muss. Denn wenn es stimmt, dass man sich als Führungskraft nur verändert, wenn man sein Unterbewusstsein angeht – dann müssen Führungsseminare, die etwas bewirken wollen, das Unterbewusstsein anpacken. Das Unterbewusstsein anpacken aber bedeutet immer, dass man in gewissem Rahmen ins Private gehen muss – und das ist im beruflichen Kontext eine Zumutung. Denn wer will schon im beruflichen Bereich mit seinen urpersönlichen privaten Verwundungen konfrontiert werden? Andererseits: Wenn diese Konfrontierung nicht stattfindet, bleibt ein Führungsseminar auf der 7 %-Ebene – und es passiert das, was immer passiert, wenn man Dinge nur rational lernt: Man hat auf der 7 %-Ebene etwas verstanden und will etwas ändern (ähnlich wie die guten Vorsätze an Silvester), aber die alten Gewohnheiten des Unterbewusstseins sind wie ein Elefant, der in die alte Richtung geht, und da 93 % immer stärker sind als 7 %, ist der Ausgang der Geschichte nicht schwer zu erahnen: keine Veränderung.

Wirkungsvolle Führungsseminare, die das Unterbewusstsein angehen, sind deshalb immer eine Gratwanderung. Denn sie müssen – sanft! – die Führungskraft neben dem Bewusstmachen der eigenen Talente und Gaben auch und gerade mit den eigenen Widerständen konfrontieren, mit der eigenen (Lebens-)Abwehr und Negativität und der Unwilligkeit, sich zu verändern. Deshalb müssen beruflich initiierte Führungsseminare, die das Unterbewusstsein wirklich bearbeiten, auf absoluter Freiwilligkeit basieren und man muss mit aller Macht jede Form von Zwang vermeiden.

3. Plädoyer für eine „Wissenschaft der Veränderung" – Entspannung als Schlüssel für Veränderung

Der Philosoph und Therapeut Paul Watzlawick hat einmal in seiner typisch boshaften und messerscharfen Weise den genialen Satz formuliert: „Der Mensch tut alles, um sich nicht zu verändern." Will heißen: Dem Lippenbekenntnis (7 %) vieler Menschen – „Ich will mich ändern" – steht die Beharrungskraft des Unterbewusstseins und der Kindheitsmuster entgegen (93 %) und nur wenn man diese Beharrungskraft realistisch sieht, hat man eine Chance, Veränderung in einem Menschen zu induzieren.

Seit der Erfindung des Elektroencephalogramms (EEG) durch Hans Berger 1929 wissen wir, dass unsere Bewusstseinszustände von der Schnelligkeit der Gehirnschwingung abhängen. Wenn die Gehirnschwingung des Wachbewusstseins (BETA-Zustand, 21-13 Hz) verlangsamt wird und das Gehirn nur noch zwischen 13 und 7 Hz in der Sekunde schwingt, befindet sich der Mensch im Traumzustand (REM-Phase) oder in Entspannung – und es öffnet sich das Tor zum Unterbewusstsein. Es ist dieser ALPHA- oder Entspannungszustand, in dem wir Menschen Probleme verarbeiten und Lösungen finden. Wenn man also das Unterbewusstsein erreichen und verändern will, kommt man um Entspannung nicht herum. Welche Form der Entspannung man wählt, ist dabei sekundär. Wahrscheinlich gibt es so viele Wege zur Entspannung, wie es unterschiedliche Menschen gibt. Aber wichtig ist, zu verstehen, dass an Entspannung kein Weg vorbeiführt, wenn man das eigene Unterbewusstsein verändern will. Nur wenn man in Entspannung ist, kann man neue positive Bilder im Unterbewusstsein verankern und alte negative Bilder wirkungsvoll loslassen. In der Jahrtausende alten Erfahrungswissenschaft des Yoga sagt man sogar, dass die ganze Praxis von Yoga-Bewegungen mehr oder weniger nutzlos ist, wenn nicht danach eine Tiefenentspannung praktiziert wird, die das Ganze speichert. Entspannung ist wie die Speichertaste beim Laptop. Wenn man etwas schreibt und vergisst, die Speichertaste zu drücken und jemand anderes kommt und überschreibt die Dinge oder drückt einen falschen Knopf, ist alles weg. Genauso hat nur Entspannung die Kraft, neue Zustände in uns zu speichern. Ganz zu schweigen davon, dass Kreativität, die im heutigen schnelllebigen beruflichen Kontext so entscheidend ist, wesentlich aus der Fähigkeit zur Entspannung erwächst, und dass ein Mensch, je entspannter er ist, Problemlösungen schneller findet und Arbeit in kürzerer Zeit erledigt, weil man in Entspannung klarer sieht und weiter, als unter Druck. Entspannung ist daher eine Schlüsseltechnik für den erfolgreichen Menschen und natürlich für jede Führungskraft von heute.

4. Führung mit Herz – die herausforderndste und zugleich beglückendste Form der Führung

Führung mit Herz ist ein gewagter Begriff, weil die meisten Menschen mit „Herz" Sentimentalität, Weichheit oder sogar Realitätsferne verbinden und deshalb eine Führung mit Herz in einem beruflichen Kontext, in dem Klarheit und Zielerreichung erwartet werden, von vornherein ausgeschlossen scheint.

Daher ist es wichtig, zu verstehen, dass das Herz hier verstanden wird als der Ort des Mitgefühls im Menschen oder mit einem Fachbegriff der Ort der Empathie. Führung mit Herz bedeutet deshalb, den anderen Menschen wirklich wahrzunehmen – nicht nur rational als Empfänger von Anordnungen oder Erkenntnissen zu sehen (= 7 %) –, sondern zu fühlen, was der andere will und braucht. Führung mit Herz bedeutet nicht, dass man als Führungskraft jeden Unsinn, den Leute von einem wollen, akzeptiert und „schluckt" – aber es bedeutet, dass man den ganzen Menschen im Blick hat und dem anderen wirklich Gutes will. „Jemand Gutes wollen" ist übrigens die Definition von „Liebe" aus der antiken Philosophie des Aristoteles. Man will nichts für sich, sondern vor allem das Gute für den anderen. Wenn man das Herz als den Ort sieht, wo man dem anderen Gutes will, frei von eigenen Wünschen und Erwartungen, wird klar, was für eine Herausforderung es darstellt, mit Herz zu führen. Solange es um die rationale Kommunikation von Erkenntnissen geht, ist Führung kinderleicht. Jeder mittelmäßig begabte Mensch kann das: rationale Erkenntnisse lernen und weitergeben. Aber den anderen wirklich wahrzunehmen, ihm Gutes zu wollen und sein Potenzial „zu heben", bedarf einer beständigen charakterlichen Schulung und eines Trainings von Fühlen und Mitfühlen – wie das Motto sagt: „Fühlen ist das neue Führen." Von Carl Gustav Jungs Eisbergschema her gesehen sind Fühlen und Mitgefühl nicht Ausdruck von Schwäche und „aufgeweichter" Klarheit, sondern eine der größten Stärken, die man als Führungskraft haben kann – weil nur über Mitgefühl, nur wenn jemand sich verstanden fühlt, fruchtbare Kommunikation entsteht und der Boden für positive Veränderung. Nur auf dem Boden von Verstehen öffnet sich das Unterbewusstsein der anderen Person und sie ist bereit, Schritte der Veränderung zu gehen. Jeder, der sich unverstanden fühlt, fängt an zu blockieren.

In diesem Sinn gilt: Menschen folgen Menschen. Rein rationale Führung, bei der etwa das alltägliche Verhalten und die Ausstrahlung der Führungspersönlichkeit (93 %) den Worten widerspricht (7 %), hat keinerlei begeisternde oder verändernde Kraft – und genau darum geht es doch bei echter Führung. Man möchte jemanden zur Verwirklichung seines höchsten Potenzials hinführen.

Daher ist neben Empathie die Authentizität der Führungskraft ein weiterer Schlüssel

DR. KLAUS WOLFF

Am liebsten entspannt Klaus Wolff beim Wandern in der Natur. Der gebürtige Düsseldorfer ist zusätzlich zu seiner Tätigkeit als Heilpraktiker/ Psychotherapie mit eigener Praxis in Sankt Augustin auch noch Yogalehrer und Mentaltrainer. Denn seine Leidenschaft ist es – neben Wandern, Meditation und Witze erzählen –, Menschen zur Verwirklichung ihres höchsten Potenzials zu führen. Das gelingt ihm vorzugsweise in seinen zahlreichen Workshops. Die reichen von Leadership Trainings bis zu therapeutischem Yoga und Yantra-Seminaren. Sein Lebensmotto lautet: Wir sind auf der Welt, um zu geben, nicht um zu nehmen.

für moderne Führung. Denn es ist umso leichter, einem Menschen zu folgen, je authentischer er ist, je mehr man fühlt: Hinter dem, was jemand sagt, steht nicht nur eine Rolle, sondern da ist jemand, der (Lebens-)Erfahrung, fachliche Kompetenz und menschliche Ganzheit in sich verbindet. Je näher man in diesem Sinn bei sich ist („authentisch"), desto eher können Menschen Dinge von einem annehmen.

Unauthentizität ist wie eine unsichtbare Mauer, die die andere Person unbewusst zurückschrecken lässt. Hier wird deutlich, dass Führung mit Herz, mit Authentizität, keineswegs der leichte Weg ist – aber natürlich der spannendste und beglückendste Weg. Denn wenn man in diesem tiefen Sinn mit Herz führt, muss man sich selbst jeden Tag neu auf den Prüfstand stellen, selbst jeden Tag wachsen, jeden Tag besser werden – menschlich und fachlich –, nicht für sich, sondern für die, für die man Verantwortung trägt. Letztlich ist, glaube ich, genau solche Verantwortung das, was Menschen weiterbringt und glücklich macht. Man wächst nicht in der Komfortzone. Man wächst nur, wenn man Aufgaben hat, die einen fordern, die einen herausfordern: menschlich größer zu werden, fachlich besser zu werden und jemand zu werden, zu dem man aufschauen kann. Am Ende sollte eine Führungskraft auch immer ein Vorbild sein. Ich meine das nicht moralisch. Moral ist oft, wie ein Zeitgenosse einmal formuliert hat, die vornehmste Form des Hasses. Aber ein Vorbild sein bedeutet, dass man am Beispiel eines Menschen sehen kann, dass jemand seinen Beruf mit Begeisterung lebt. Ein Vorbild sein bedeutet, dass man am Beispiel eines Menschen sieht, dass eine Führungskraft mit eigenen Schwächen und Fehlern gut umgehen kann. Ein Vorbild sein bedeutet, dass man am Beispiel eines Men-

> „Nur die Methoden, die unser Unterbewusstsein erreichen und verändern, verändern uns und unsere Führung wirklich."

schen sieht, dass Führung wie das Leben generell beständiges Weiterlernen bedeutet, und dass Lernen mit der Beendigung von Schule und Ausbildung nicht beendet ist. Denn wer aufhört zu lernen, hört auf zu „leben", auch wenn er noch weiter existiert.

Führung mit Herz bedeutet darüber hinaus natürlich auch Führung mit Freude. Wenn es stimmt, dass Arbeitszeit Lebenszeit ist, und dass letztlich Zeit das Kostbarste ist, was wir als Menschen besitzen, weil nichts und niemand verlorene Zeit zurückbringen kann – dann sollte Arbeitszeit immer so gestaltet sein, dass sie ultimativ Freude macht. Ich sage nicht, dass Arbeit immer Spaß machen kann oder muss, und dass man unangenehme Arbeiten zur Seite schieben sollte – auch das ist eine menschlich wichtige Lektion zu lernen, seine Pflicht zu tun. Aber wenn es stimmt, was der antike Philosoph Aristoteles gesagt hat, dass man letztlich nur das gut macht, was man mit Freude, mit Lust tut – dann arbeiten Menschen besser und produktiver, wenn sie Freude an ihrer Arbeit haben. Diese Freude an der Arbeit zu vermitteln, funktioniert natürlich nur, wenn man als Führungskraft selbst wirklich Lust hat an dem, was man tut, und diese Begeisterung und Freude ausstrahlt, so dass andere davon mitgezogen werden.

In diesem Zusammenhang möchte ich persönlich die Bedeutung von Humor für gute Führung hervorheben. Mir ist bewusst, dass Humor definitiv nicht jedermanns/jeder Frau's Sache ist. Aber er ist ein wesentliches – oft unterschätztes – Instrument der Lockerung und der Entspannung und der Schaffung einer Atmosphäre, die allen dient, auch der effektiven Arbeit. Eine humorvolle Führungskraft zeigt dem Unterbewusstsein (93 %) der Mitarbeiter, dass Ernst nicht der Kern von Leben ist, sondern dass Lachen unsere Herzen verbindet. Deshalb ist ein gut erzählter Witz für die Atmosphäre im Büro oft wirkungsvoller als viele intelligente „Ansagen". Denn in einer Atmosphäre von Lockerheit kann man Dinge sagen und transportieren, die in einem ernsten Rahmen als Angriff oder Zumutung verstanden würden. Humor reduziert – tiefenpsychologisch gesehen – die Eltern- oder Lehrerprojektionen auf die Führungskraft und verringert damit automatisch die Aggression und den Stress, der in diesem unbewussten Rollenspiel entsteht. Sobald man sieht, dass die Führungskraft sich selbst nicht todernst nimmt, kann eine freiere Kommunikation entstehen, die dem Wohle aller dient. Mutiges oder mutigeres Verhalten und selbstständige Kreativität von Mitarbeitern werden dadurch indirekt herausgelockt. Nicht zuletzt hilft Humor oft, schwierige Situationen zu entschärfen.

5. Die Bedeutung von täglicher Übung für nachhaltige Veränderung

Führung mit Herz ist die herausforderndste Form von Führung, weil sie verlangt, dass ich mich – zum Wohle des Anderen – jeden Tag verändere und an den Qualitäten arbeite, die Kommunikation und Arbeitsalltag leichter und besser machen, wie etwa Entspannung, Empathie, Authentizität, Akzeptanz, Humor … Aber wie entwickelt man diese Qualitäten, wenn man sie von zu Hause nicht mitbekommen hat? Der rationale Hinweis, man müsse empathisch oder authentisch oder humorvoll sein, nützt gar nichts, weil man entsprechend dem Eisbergmodell durch die 7 %-Erkenntnis das Unterbewusstsein nicht bewegt. Wodurch man das Unterbewusstsein aber bewegt, ist die tägliche Praxis einer Übung. Bildlich gesprochen ist unser Unterbewusstsein wie ein Haus mit vielen Bewohnern, nämlich unseren Gewohnheiten, die sehr beharrlich sind. Manche sind gut, manche sind destruktiv. Will ich etwas neues Positives im Unterbewusstsein installieren, dann funktioniert das nur, wenn ich einen neuen Bewohner jeden Tag in das Haus hereinhole, sodass irgendwann die alten Bewohner ihm Platz einräumen beziehungsweise sich verabschieden. Deshalb ist tägliche Praxis einer Übung, die mich dem näherbringt, was ich verwirklichen will, einer der Königswege zur Veränderung. Ich bin davon überzeugt, dass man letztlich fast jedes Problem durch tägliche Praxis lösen kann, wenn man nur beharrlich genug übt und sich nicht entmutigen lässt. Natürlich braucht man intelligente Übungen, die die Power haben, das zu bewirken, was man erreichen will. Aber solche Übungen gibt es meines Wissens für jeden der angesprochenen Bereiche. Das Geheimrezept hat, wie der Schweizer Mentaltrainer André Ackermann einmal gesagt hat, drei Buchstaben: T-U-N. Man muss die Übungen praktizieren.

Buchtipp: Dr. Klaus Wolff: Werde ganz Du selbst. Das Glück in der eigenen Mitte finden, Claudius, 2012

Freiraum.

SABINE UND ALEXANDER KLUGE

Macht. Lust.

Sabine und Alexander Kluge beschäftigen sich intensiv mit Graswurzelinitiativen in Unternehmen. Sie beschreiben die neue Lust an Veränderung aus der Mitte der Organisation. Es geht um Wandel, der nicht von oben geplant und verordnet ist, sondern von engagierten Mitarbeitern getrieben spürbare Wirkung im Unternehmen entfaltet.

In ihrem Buch „Competing for the Future" (1996) berichten die Managementprofessoren Gary Hamel und C. K. Prahalad von folgendem Experiment: In einem Käfig voller Affen führt eine Leiter zu an der Decke hängenden Bananen. Klettert ein Affe hinauf, um an die Leckereien zu kommen, wird die Affenhorde mit Wasser bespritzt. Die Folge: Die Affen halten jeden ihrer Artgenossen auf, sobald er auf die Leiter klettern will. Wird ein Affe ausgetauscht, so wird dieser neue Affe mit körperlicher Gewalt davon abgehalten, hinaufzuklettern – nicht ahnend, warum dies geschieht. Auch wenn weitere Affen ausgetauscht werden und schließlich niemand in der Horde mehr die Erfahrung mit der kalten Dusche gemacht hat, betritt keiner der inzwischen vollständig ausgetauschten Generation mehr die Leiter.

Diese Erfahrung lässt sich sehr gut auf die Dynamik übertragen, die Menschen in Organisationen zuteilwird: Die formalen Regelungen und Strukturen, die Organigramme und Entscheidungswege und die ungeschriebenen Gesetze bestimmen vielfach unhinterfragt das Verhalten der Organisationsmitglieder.

Auf diese Weise stabilisieren sich Verhaltensmuster und werden über Generationen von Mitarbeitern hinweg weitergegeben. So sorgen sie gleichzeitig als scheinbar eingeschwungene und damit gut funktionierende Muster für die Erstarrung der Organisation. Ein Aggregatszustand, der dann, wenn die Anpassung an sich schnell ändernde Rahmenbedingungen gefordert ist, zu suboptimalen bis hin zu dysfunktionalen Entscheidungen und Maßnahmen führt.

Das Mitdenken, das Hinterfragen und auch das Überschreiben bestehender Regeln – explizit an den Orten im Unternehmen, an denen das konkrete Wissen um Herausforderung und Lösung liegt, nämlich in der Mitte der Organisation, in den operativen Bereichen – wäre also wünschenswert, um als Unternehmen manövrierfähig zu sein.

SABINE & ALEXANDER KLUGE

Sabine und Alexander Kluge arbeiten mit einem Netzwerk von Praktikern und Forschern als Kluge + Konsorten. Dabei unterstützen und begleiten sie Unternehmen in der kulturellen und digitalen Transformation bei allen Herausforderungen von Strategie-, Personal-, Führungs- und Organisationsentwicklung. Gemeinsam hat das Ehepaar im August 2020 mit dem Buch „Graswurzelinitiativen in Unternehmen – ohne Auftrag, mit Erfolg" die erste Praxisstudie zu Graswurzelinitiativen in deutschen Unternehmen veröffentlicht. In ihrer Arbeit ergänzen sich die Kluges perfekt. Sabine Kluge ist Ökonomin mit den Schwerpunkten Strategie und Unternehmensführung sowie systemischer Business Coach. Seit 2019 gehört sie zu den 40 führenden HR-Köpfen und seit 2020 zu den 20 wichtigsten HR-Influencern im deutschsprachigen Raum. Alexander Kluge beschäftigt sich seit mehr als 20 Jahren mit den drei großen „K": Kommunikation, interne und externe Kollaboration sowie die digitale Koordinierung von Geschäftsprozessen. Er versteht sich als Coach, Reisebegleiter, Ideengeber und Übersetzer an der Schnittstelle zwischen IT, Organisationsentwicklung und Kommunikation. Abschalten können die beiden am besten in ihrem Cottage an der Ostsee. Dort treibt es sie am liebsten zum Segeln oder Golfen vor die Tür – egal bei welchem Wetter.

„Schaffen wir einen Raum der Möglichkeiten, in dem Wachstum und das Gedeihen von Ideen und Innovationen nicht die Ausnahme, sondern die Regel sind."

Woher jedoch soll und kann der frische Wind in Organisationen kommen, der für Bewegung und Anpassungsfähigkeit sorgt und die neuen Lösungen für bekannte und neue Herausforderungen bringt? Wer wagt es, so könnte man in Anlehnung an das eingangs geschilderte Experiment fragen, dennoch auf die Leiter zu steigen? Und können wir uns heute noch darauf verlassen, dass der Kapitän auf der Brücke, derjenige mit den breitesten Schulterklappen und den meisten Sternen am Revers, in der heutigen und morgigen komplexen Arbeitswelt die Übersicht behält? Denn gesellschaftlich assoziieren wir mit ihm die größte fachliche Kompetenz, die größte Erfahrung, kurzum den Lösungs- und Entscheidungsbringer.

Diese Fragen haben wir uns gestellt, als wir in unserer Transformationsarbeit mit kleinen, mittleren und großen Unternehmen auf ein Phänomen gestoßen sind, das wir in unserem Buch „Graswurzelinitiativen in Unternehmen" beleuchtet haben.

„Alle sagten: Das geht nicht. Dann kam einer, der wusste das nicht und hat's gemacht."
Die spannende Erkenntnis unserer Recherchen und Gespräche: Es gibt sie doch, die Organisationsmitglieder, die sich auf die Leiter wagen. Die nicht wussten, dass es nicht geht und es dann gemacht haben. Wiederum andere haben ganz bewusst gegen implizite und explizite Regeln verstoßen, um Missstände zu beseitigen oder unerkannte Verbesserungspotenziale auf eigene Initiative hin zu heben. Sie alle handeln ohne Auftrag, aber oft mit Sendungsbewusstsein. Sie suchen Mitstreiter für ihr Thema, stellen die Bewegung auf breite Füße, bauen Netzwerke und verwurzeln sie im Bestfall so, dass sie nicht mehr aus der organisationalen Wirklichkeit wegzudenken sind. Das ist dann der Moment, in dem im Idealfall Licht von oben auf die Initiative fällt und die Idee, begonnen im Verborgenen, sichtbar die Organisation verändert.

Was eine Graswurzelinitiative ausmacht
Graswurzelinitiativen entstehen abseits der organisationalen Trampelpfade, wachsen oft im Verborgenen und kommen ans Licht, wenn sie breite Wirksamkeit entfalten können. Wir sehen folgende Eigenschaften für diese Formen von ungeplanten Bewegungen in Organisationen:

→ Eine Graswurzelinitiative entsteht in der Informalität.
→ Mit ihr übernehmen Menschen Verantwortung für Themen, für die sich sonst niemand verantwortlich zeigt.
→ Es sind Mitarbeitende aus der Mitte der Organisation, nicht Entscheider, die Defizite oder Potenziale erkennen.
→ Die Akteure handeln ohne Auftrag oder Erlaubnis.
→ Alternativ haben sie zwar einen Auftrag, handeln aber explizit gegen bestehende Regeln und Prozesse.
→ Sie starten ohne Hierarchie oder Führungsanspruch, die notwendigen Projektstrukturen für ihr Vorhaben handeln die Akteure im Regelfall gemeinschaftlich partizipativ aus.
→ Die Mitglieder handeln ohne Budget oder müssen Budgets „umwidmen".
→ Typischerweise hinterfragen Graswurzelinitiativen gängige Werte oder Praktiken – zum Beispiel wie geführt oder kommuniziert wird. Sie loten durch Regelbrüche die Grenzen der Toleranz in der Organisation aus und schaffen Entwicklungsräume.
→ Die Laufzeit einer Graswurzelinitiative ist begrenzt. Entweder geht sie in den Regelbetrieb über, oder sie verläuft im Sand.

Mit den gesellschaftlichen Graswurzelinitiativen haben sie nicht nur den geschickten Aufbau von Netzwerken und die Durchführung wirksamer Einzelaktionen gemeinsam, sondern eine gewisse Haltung von „zivilem Ungehorsam", die Experimentierfreude – auch Risikobereitschaft –, ungeregelte Freiräume der Organisation auszuloten, oder aber auch den Mut, im Dienste ihrer Idee nicht explizit erlaubte oder gar unerlaubte Handlungen zu vollbringen.

Bewegungen bewegen

Was aber bewegt die Menschen in Organisationen dazu, auf eigene Faust Veränderungen voranzutreiben? Warum engagieren sich Mitarbeitende neben ihrem Job für ein anderes, besseres Zusammenleben in ihrer Organisation?

Wir haben bei unseren Recherchen ein breites Spektrum an Ideen gefunden, für die sich Mitarbeitende neben ihrem Job engagieren. Da sind auf der einen Seite die Strei-

„Das Mitdenken, das Hinterfragen und auch das Überschreiben bestehender Regeln ist wünschenswert, um als Unternehmen manövrierfähig zu sein."

ter für mehr Augenhöhe beim Autobauer Daimler, die – im Windschatten der konzerninternen Transformationsinitiative – dafür sorgen wollen, dass mehr Kollegen in der Kommunikation das förmliche, als hierarchisch empfundene „Sie" gegen das kollegiale „Du" tauschen.

Mit ihrem Hashtag #gerneperDu, sichtbar in E-Mail-Signaturen, im Social Intranet und sogar offline mit selbstgedruckten Armbändern am Handgelenk, erobern sie Sympathien bis hin zur Vorstandsebene. Ein Anliegen, das scheinbar trivial erscheint, aber Tausende Kollegen eint und spürbar das Miteinander verändert.

Ganz anders die Zukunftsschwärmer bei Bosch, eine Community kritischer Ingenieure, die sich zusammenfindet, um ihre gesellschaftlich-ethische Pflicht als Ingenieure sowie das Handeln ihres Arbeitgebers zu hinterfragen. Sie machen beispielsweise ökologisch-ökonomische Konflikte in Bezug auf das Leistungsspektrum ihres Unternehmens besprechbar und schaffen eine Plattform für ein sehr kritisches Thema: die Mitverantwortung am Dieselskandal.

Die Initiatoren der Gruppe suchen den Austausch mit den Entscheidern und debattieren – zumal ihr Unternehmen als Zulieferer mittelbar von der Thematik betroffen ist –, wo ihre gesellschaftliche oder auch ökologische Verantwortung als Ingenieure liegt und das insbesondere auch mit dem Blick auf die wirtschaftlichen Interessen eines Herstellers. Ein kontroverses Handlungsfeld, das auch Einfluss auf persönliche Schicksale der Beteiligten hatte.

Viel Liebe für das eigene Unternehmen
Zwischen diesen beiden Polen der erkannten Potenziale und angeprangerten Missstände bewegen sich viele der von uns befragten Akteure. Es finden sich Menschen zusammen, die Lösungen für die Herausforderungen suchen, die sie als relevant ansehen, die von den bestehenden Institutionen aber ignoriert werden. Dabei stellen sie den Status Quo infrage, werben für neue Formen der Zusammenarbeit, der Kommunikation oder gar des Zusammenlebens. Und sie tun dies freiwillig, neben ihrem angestammten Aufgabenfeld und mit viel Liebe und Leidenschaft für ihr Unternehmen.

So haben wir die #WirSindAudi Protagonisten getroffen, gewerbliche Kollegen aus der Fertigung in Ingolstadt, die es sich zur Aufgabe gemacht haben, das angeschlagene Image ihres Arbeitgebers auf eigene Faust in den sozialen Medien zu korrigieren und die bis heute Tausende Kollegen und Kolleginnen erreichen. Wir haben mit Telekom-Mitarbeitenden gesprochen, die schneller als ihre Entscheider erkannt haben, dass neue, niedrigschwellige, partizipative und selbstorganisierte Lernformate ein Gewinn für ihr Unternehmen sind – jenseits der ausgefeilt strukturierten Programme der hauseigenen Akademie. Es etablierte sich aus der Initiative einiger weniger Kollegen das Netzwerk „LEX – Lernen von Experten", ein selbst entwickeltes, soziales Lernformat auf einer digitalen Plattform.

LEX hat mittlerweile knapp 20.000 Wissensarbeiter miteinander und untereinander vernetzt und den Weg zu Lernthemen freigemacht, die, anders als in der klassischen Weiterbildung, plötzlich allen Mitarbeitenden zugänglich sind. (s. auch Interview mit Initiator Shakil Awan Seite 62)

Geht es um Wissensmanagement und neues Lernen, dann kommt man speziell an einer häufig als Graswurzel gewachsenen Initiative nicht vorbei: das soziale Lernformat „Working Out Loud" findet in den meisten Unternehmen seinen Weg aus der Mitte der Organisation. Es sind begeisterte, neugierige Enthusiasten und nicht die Corporate-Learning-Experten, die das Programm ins Unternehmen tragen. Sie sammeln Gleichgesinnte, berichten über Erfahrung, vernetzen sich über Unternehmensgrenzen hinaus, organisieren Informationsveranstaltungen und werden oft erst dann sichtbar, wenn das Programm nicht mehr wegzudenken ist aus der Organisation. In dem 12-wöchigen Peer-Coaching-Programm lernen fünf Menschen miteinander die vernetzte Arbeitswelt kennen – selbstorganisiert und quasi im geschützten Raum, ohne Trainer und Seminarraum. Die Begeisterung der Teilnehmer trägt die Methode in die Organisationen und ist bei Unternehmen wie Bosch mittlerweile fester Bestandteil der Personalentwicklung.

Humus für Veränderungen
Solche Initiativen sind dann inhaltlich nachhaltig, wenn sie ab einem kritischen Punkt Zuspruch durch einen Entscheider erhalten, der die Chancen der Bewegung erkennt und sie schützt. Sie erhalten damit einen formalen Auftrag und treten aus der Phase der sogenannten „brauchbaren Illegalität" heraus. Denn diese Struktur findet sich immer dann, wenn Mitarbeitende ein Problem der Organisation auf ihre Weise lösen, ohne einen formalen Auftrag zu haben. Andere Initiativen lösen sich auf oder verlieren sich in Inaktivität, säen aber dennoch oft Sporen der Inspiration und des Mutes für andere Akteure im Unternehmen – und damit für neue Initiativen aus der Mitte.

Der Organisationsgestalter mag fragen: Sind solcherlei Bewegungen „nice to have" und allenfalls zu erdulden? Tragen sie zur Entwicklung der Organisation Entscheidendes bei, sodass sie in den Kontext des Change-Modells eingebettet werden müssen, ja vielleicht sogar eine entscheidende Rolle zugewiesen bekommen sollten? Oder schaffen sie allenfalls ein unkontrollierbares Dickicht des obsoleten Wildwuchses?

Nun, Graswurzelinitiativen, die zunächst im Stillen gedeihen, Wurzeln schlagen und erst, wenn sie ausreichend Sicherheit verspüren, ans Licht kommen, können zunächst ein Nukleus, und schließlich durchaus die Basis besonders für kulturelle Veränderung aus der Mitte sein. Die Graswurzel bildet genau den Humus in Organisationen, auf dem Veränderungen in der heutigen Zeit gedeihen können.

> „Für Organisationen sind Graswurzelinitiativen ein wesentlicher Seismograf, der ans Tageslicht bringt, wo offenbar Verhandlungs- oder gar Handlungsbedarf herrscht."

Licht von oben

Ob sie am Ende scheitern oder auf Resonanz und Akzeptanz stoßen – für die Organisation sind die Initiativen in jedem Fall ein wesentlicher Seismograf, der besser als alle geführten und erlaubten Maßnahmen ans Tageslicht bringt, wo offenbar Verhandlungs- oder gar Handlungsbedarf herrscht. Denn Angriff auf das bestehende, bisher augenscheinlich so erfolgreiche System zeigt im Erfolgsfall, dass die Initiative ein relevantes Thema adressiert hat. Während im Fall des Scheiterns auf diese Weise sichtbar wird, dass die herrschende Ordnung offenkundig wirksam und valide ist.

Für Akteure, die heute starten, lautet das Ziel daher: Mit viel Mut, viel Risikobereitschaft, mit einer klaren, inhaltlich gut verständlichen Botschaft und mit vielen guten Kontakten ausreichend Sogkraft in der Organisation herzustellen. Das schafft Attraktivität für Mitstreiter und spätere Sponsoren, um gemeinsam das Neue in die Welt zu bringen. Mehr denn je stehen den Akteuren heute wunderbare Werkzeuge für Kommunikation und Vernetzung zur Verfügung – nämlich soziale Netzwerke, ohne die Wandel und Anpassung, ob verordnet oder aus der Mitte, ohnehin nicht im Ansatz zu bewerkstelligen sind.

So lautet auch die Empfehlung der Wirtschaftswissenschaftler und Autoren Gary Hamel und Michele Zanini: „Build a change platform, not a change program!" Das umfasst geradezu die Einbindung aller Kräfte, die Ermöglichung von Vernetzung sowie den Fokus auf Partizipation. Und es unterstreicht unsere unbedingte Empfehlung, sich im Führungsprozess mit dem bisher so gefürchteten Kontrollverlust zu arrangieren, der mit dem notwendigen, heute schon vielfach geforderten Loslassen einhergeht. Denn anders als noch vor wenigen Jahren, als der Glaube vorherrschte, man könne Veränderung am Reißbrett planen und die neuen Regeln und Prozesse einem Software-Update gleich aufspielen, geht es heute nicht mehr ohne das gekonnte, kluge, geschickte Zusammenspiel von Veränderung aus der Mitte und von Initiativen, die durchaus top down gedacht, aber ganz früh bereits partizipativ umgesetzt werden.

Es ist daher unsere Erfahrung und Überzeugung, dass Veränderung heute in erster Linie ein Experimentierraum ist, in dem der Wandel aus der Mitte heraus – ohne die Metriken der alten Kontrollmechanismen – mitgestaltet werden kann und muss. Unsere Beobachtungen und unsere Analyse von organisationsinternen Graswurzelbewegungen bestätigten genau das sowie die richtungsweisende Erkenntnis, die Zukunft des Unternehmens partizipativ zu gestalten.

Wenn Organisationen überleben wollen, kommen ihre Entscheider um die Preisgabe vertrauter, scheinbare Sicherheit simulierender Kontrollmechanismen nicht herum. Schaffen wir also einen Raum der Möglichkeiten, in dem Wachstum und das Gedeihen von Ideen und Innovationen egal aus welcher Ecke der Organisation nicht die Ausnahme, sondern die Regel sind. Einen Raum, in dem Experimente erlaubt sind, Mitarbeiter ihre Ideen teilen können, sich mit Kollegen vernetzen können und Führungskräfte das Wachstum schützen, statt es als Gefahr zu begreifen. So kann die Selbsterneuerungsfähigkeit der Organisation zu reiferen, stabileren und lebenswerteren Umgebungen gestärkt und das Unternehmen zu einem Platz gemacht werden, an dem Menschen gerne arbeiten und gestalten.

Wissen zum Mitnehmen

Was zeichnet erfolgreiche Graswurzelbewegungen aus? Was können wir lernen von den Bewegungen in Organisationen, die sichtbar geworden sind? Bei allen Unterschieden in den Handlungsweisen, Themen und Schwerpunkten der Initiativen, die wir kennengelernt haben, gibt es doch eine Reihe von Faktoren, die Rückschlüsse auf eine höhere Erfolgswahrscheinlichkeit erlauben.

1 Graswurzeln gedeihen auf passenden Nährböden. Wenn individuelle Impulse auf ein breites, aber nicht von der Regelorganisation adressiertes Bedürfnis stoßen, dann schafft dies einen Nährboden für die Akteure. Wie im millionenfach geklickten Youtube-Video des TED Talks von Derek Sivers (How to start a movement) fängt ein Mensch auf der sommerlichen Wiese im Freien an zu tanzen. Und als der erste Follower sich anschließt, und den übermütigen Tänzer damit zu einem Visionär macht, folgen immer mehr, bis jene, die sich nicht wild und übermütig im Rhythmus mitbewegen, nahezu wie eine Minderheit erscheinen. Warum sollte dieser Tag und dieser Ort nicht geeignet sein zum Tanz?

2 Es braucht mutige Menschen. Es braucht Mut, um aufzustehen und zu tanzen. Es braucht Mut, den ethischen Konflikt des Ingenieurs beim Vertuschen von Abgaswerten offen anzusprechen, und es braucht auch Mut, das Intranet der eigenen Organisation, gedacht als Verkündungsplattform der internen Kommunikation, umzuwidmen in eine Plattform für Initiativen aus der Mitte der Organisation – so geschehen beim eigenmächtig verfolgten Aufbau des Social Intranet bei Evonik.

3 Es bedarf der technischen und kulturellen Reife, sich schnell und wirksam zu vernetzen. Auch die Siemens-Grains-Gründer können sich für die Akquise ihrer ersten Follower nicht nur auf ihren Enthusiasmus, sondern auch auf gute Kontakte im Konzern verlassen. Sie sprechen potenziell Interessierte zunächst persönlich, dann auch über eine offene Gruppe im internen sozialen Netzwerk gezielt an und gewinnen so schnell Gleichgesinnte, die mit ihnen – eigenständig und ohne Auftrag – selbstorganisiertes Arbeiten ausprobieren wollen. Dabei braucht es weniger provokante Organisationsrebellen, die sich zum bissig-zynischen Sprachrohr enttäuschter Kollegen gerieren, um Stimmung gegen herrschende Missstände zu machen. Denn erfolgreiche Graswurzelinitiativen entstehen weniger aus einer Position der Verzweiflung und Ohnmacht, sondern aus einer Position der Stärke. Sie werden angeschoben von inspirierenden Vortänzern, die die Verhältnisse in einem Unternehmen, das sie eigentlich schätzen, konstruktiv verbessern wollen. Sie sind überzeugt von ihrem Anliegen und davon, dass es gut für die weitere Entwicklung der Organisation ist.

4 Ein gemeinsames Narrativ. Ist die Bewegung gestartet, hilft ein weiterer Faktor, Fahrt aufzunehmen: Ein sichtbares Zeichen der Zusammengehörigkeit als Gruppe mit einem gemeinsamen Anliegen – man könnte es auch Community nennen. Das kann ein Logo, ein einprägsamer Slogan oder ein gemeinsames Manifest sein, das Vision und Geschichte der Bewegung erzählt. Das Narrativ macht die Idee greifbar und vermittelt, warum es sich lohnt, sich über die Alltagsaufgaben hinaus und ohne Auftrag für die Sache zu engagieren.

5 Geduld bei der Gratwanderung. Bevor sich eine Graswurzelinitiative etablieren kann, muss sie erst einmal im Verborgenen Fahrt aufnehmen. Am besten so lange, bis sie nicht mehr überhört werden kann. Dafür reichen, wie die amerikanische Politikwissenschaftlerin Erica Chenoweth erforscht hat, schon 3,5 Prozent als kritische Masse. Um eine Vereinnahmung – oder ein zu frühes Ausbremsen – durch die Regelorganisation zu vermeiden, gilt es deshalb zunächst, Abstand zum operativen Betrieb zu wahren. Geschickte Graswurzelpflanzer nutzen deshalb die Vertrauensarbeitszeit, bauen Überstunden ab oder nehmen Urlaub für ihre Aktivitäten. Kosten werden vermieden. Und wenn doch welche anfallen, versteckt, wie in einem unserer Beispiele geschehen, eine Kollegin die anfallenden Raumkosten kurzerhand in ihrem Budget. So lassen sich aufwendige Antragsprozesse und Nachfragen umgehen, die eine solche Initiative bereits im Keim ersticken könnten.

Buchtipp: Sabine Kluge & Alexander Kluge: Graswurzelinitiativen in Unternehmen: Ohne Auftrag – mit Erfolg!, Vahlen, 2020

?!

„Nur wer up to date ist, kann seine Kunden begeistern."

SHAKIL AWAN

Shakil Awan (49) ist nicht nur stolzer Vater zweier Töchter und eines Sohnes, sondern auch Gründervater der erfolgreichsten Graswurzelinitiative der Deutschen Telekom. Drei Jahre nach ihrer Geburtsstunde zählt die Wissens-Community „LEX – Lernen von Experten" knapp 20.000 Mitglieder. Für den Diplom-Ökotrophologen und leidenschaftlichen Badmintonspieler hat sich das Expertennetzwerk zur echten Herzensangelegenheit entwickelt. Sein Ziel: Jeder der weltweit 210.000 Telekom-Mitarbeiter soll LEX kennen und hierüber sein Wissen erweitern. Das informelle Lernen sei nicht nur gut für seine Kollegen selbst, sondern auch für die Kunden, ist der gebürtige Bonner mit pakistanischen Wurzeln fest überzeugt.

„LEX – Lernen von Experten" ist die selbstorganisierte Wissens-Community der Deutschen Telekom. Ganz klein und bescheiden aus dem Transformationsprojekt „IT@Motion" hervorgegangen, zählt die Graswurzelinitiative inzwischen knapp 20.000 Mitglieder. LEX-Initiator Shakil Awan, 2008 im IT-Bereich des Konzerns gestartet, verrät hier seine Erfolgsfaktoren, was seine persönliche Lieblings-Session war und wen er gern einmal als Referentin begrüßen würde.

„Die Vielfalt des Angebots auf der LEX-Plattform ist wirklich großartig und ich bin begeistert, wie viele Kolleginnen und Kollegen bereit sind, ihr Wissen mit anderen zu teilen."

Ulrike Trippel (49),
Process Deployment Expertin, Deutschland

SHAKIL AWAN

? !

Wir haben LEX 2017 ins Leben gerufen, um zu zeigen, dass wir schon ganz viel Wissen in der Firma haben. Man muss nicht immer für teures Geld Experten von außerhalb einkaufen.

Dass unsere Initiative einmal so groß werden würde, haben wir uns niemals erträumt. Am Anfang stand nur eine kleine Idee. Heute ist LEX die größte Community innerhalb der Deutschen Telekom.

Die wichtigsten Erfolgsfaktoren dabei waren Mut, Fleiß, Geduld, Ausdauer und der Glaube an die Sache. Vor allem aber die gute Zusammenarbeit im LEX-Team, bestehend aus engagierten Freiwilligen aus dem gesamten Konzern.

„LEX ist ein großer, unendlicher Himmel und alle Experten hier sind wie funkelnde Sterne. Wissensaustausch und -gewinn sind quasi grenzenlos. Wir teilen unsere Erfahrungen und lernen extrem viel voneinander."

Gajanan Chaudhari (43),
Expert Agile Coach, Indien

Im Job auch einmal Risiken einzugehen, lohnt sich, denn wer wagt, gewinnt! Und wir brauchen in den Unternehmen mehr Mut, Neues auszuprobieren. Ohne Mut und Risikobereitschaft gäbe es heute kein LEX.

Von den offiziellen Lernprogrammen der Telekom unterscheidet sich LEX dadurch, dass es agil, flexibel, informell und sehr günstig ist. Bei LEX kann ich ganz einfach in neue Themen reinschnuppern, schnell Hilfe bekommen und mich zu diversen Themen austauschen.

„Bei LEX setzen viele Kollegen ihr Wissen und ihre Zeit freiwillig ein, um uns allen zu helfen, bessere Fachkräfte und bessere Menschen zu werden. Sie helfen mir, mich weiterzuentwickeln. Und ich helfe ihnen."

David Sol (48), Public Cloud Architect, Mexiko

„Bei LEX lerne ich immer wieder neue Methoden, die unsere geistige Wahrnehmung fördern. Dabei lerne ich gleichzeitig die wahre, mentale Stärke meiner Kollegen zu schätzen."

Thi Thanh Tam Tran (49), DEV-OPS-Ingenieurin, Deutschland/Vietnam

? !

Die LEX-Sessions kosten die Teilnehmer nichts, außer ihre Zeit. Jeder kann sich mit Hilfe von LEX weiterentwickeln, wenn er nur möchte.

Die thematische Bandbreite reicht von „Agil in 60 Minuten" über „Get things done" bis hin zu „Lachyoga". Es geht in unseren Sessions um Business Tools und Prozesse genauso wie um Gesundheit und Afterwork-Themen.

Meine persönliche Lieblings-Session war die LEX-Session mit dem Titel „Change mich am Arsch". Es ging dabei um Fehler in Veränderungsprozessen und wie man es besser macht. Das war Infotainment vom Feinsten.

Unter dem „Hey Joe-Prinzip" verstehen wir, dass es mitunter Sinn machen kann, sich Hilfe von Community-Experten zu holen. Kann dieser „Joe" weiterhelfen, vermittelt ihm das zudem ein Gefühl von Wertschätzung und Sinnhaftigkeit seiner Arbeit. Das ist extrem wertvoll.

Es macht Spaß, mit LEX das eigene fachliche Wissen zu erweitern, weil es sehr einfach funktioniert. LEX ist unkompliziert, sehr breit gefächert und stets aktuell.

Es ist wichtig, im Berufsleben immer wieder dazuzulernen, denn Bildung ist die beste Altersvorsorge. Lebenslanges Lernen fördert die Flexibilität von Arbeitnehmern und eröffnet ihnen immer neue Möglichkeiten.

? !

„LEX macht das Unbekannte bekannt und das Unsichtbare sichtbar. LEX ist für mich das neue TED Talks."

Purity Emekwue (37), Board Member Support, Deutschland/Nigeria

„Weil die LEX-Inhalte von Kollegen kommen, können unternehmensspezifische Besonderheiten besser betont und vermittelt werden als in klassischen Schulungen. Zudem mag ich die freundliche, kollegiale Art untereinander, die eine angenehme und motivierende Lernatmosphäre schafft."

Niklas Dahms (27), Solution Designer, Deutschland

SHAKIL AWAN

LEX ist auch gut für unsere Kunden, weil sie vom wachsenden Know-how und der immer größeren Kompetenz der Kollegen profitieren. Nur wer up to date ist, kann seine Kunden begeistern.

Wenn die Telekom wüsste, was die Telekom weiß, dann wären wir noch viel erfolgreicher. Mit LEX arbeiten wir daran, dieses Bewusstsein zu schaffen und unser geballtes Wissen im Konzern zu teilen.

Andere Unternehmen können von unserer Initiative lernen, dass man viel stärker auf das im Konzern vorhandene Wissen setzen sollte. Es ist bereits da, du musst nur zugreifen.

Den Telekom Team Award haben wir zurecht gewonnen, weil wir mit LEX den Nerv der Zeit getroffen haben. Das haben auch die Tausenden Stimmen gezeigt, die wir von unseren Kollegen im internen Voting erhalten haben.

Die Corona-Pandemie hat LEX zusätzlichen Auftrieb gegeben, indem sie uns allen gezeigt hat, was auch auf Distanz und digital möglich ist. Mit LEX sind wir Vorreiter in Sachen Wissensaustausch über digitale Medien.

Mein Herz schlägt für LEX, weil es mein Kind ist – mein viertes Kind :-)!

Mit LEX möchte ich noch erreichen, dass jeder Mitarbeiter der Telekom weltweit LEX kennt und hoffentlich auch nutzt.

Wenn ich mir einen prominenten Referenten wünschen könnte, wäre das Greta Thunberg. Sie hat eine weltweite Bewegung aus dem Nichts geschaffen. Wie hat sie das geschafft? Wie hat sie trotz aller Widerstände durchgehalten? Das würde mich brennend interessieren.

Wenn ich nicht Initiator von LEX geworden wäre, wäre ich heute sicher in einer anderen Community aktiv und würde dort mein Herzblut einbringen.

LEX – Lernen von Experten

„LEX – Lernen von Experten" ist ein internationales Mitarbeiter-Netzwerk der Deutschen Telekom. Kollegen teilen hier ihr (Fach-)Wissen mit anderen Kollegen oder helfen bei konkreten Fragestellungen weiter. So lernt die Belegschaft ganz informell voneinander.

IRINA KUMMERT UND GEBHARD BORCK

GEBHARD BORCK

Gebhard Borck ist Inhaber und Geschäftsführer der GB Kommunikation GmbH in Pforzheim. Als „Transformationskatalysator" unterstützt, begleitet und berät er Entwicklungs-, Change- und Organisationsentwicklungsprojekte vor allem für mittelständische Unternehmen. Als eines seiner Schwerpunktthemen beschäftigt ihn die „selbstwirksame Betriebswirtschaft". Borck ist Autor mehrerer Wirtschaftssachbücher. Sein hervorragendstes Talent: „Musterstörungen schnell und präzise zu erkennen."

DR. IRINA KUMMERT

Irina Kummert ist Präsidentin des Ethikverbandes der Deutschen Wirtschaft. Seit über zwanzig Jahren rekrutiert und berät sie außerdem auch Führungskräfte auf Top-Managementebene und arbeitet erfolgreich als Autorin, schreibt Bücher und Magazinbeiträge. Zudem gehört die Personalberaterin einem finanzmarktorientierten Ethik-Panel an sowie der Ethikkommission des Deutschen Fußballbundes und dem Arbeitskreis Wirtschaft & Soziales beim Zentralkomitee der deutschen Katholiken.

Vom Glück des Verstehens

Die Digitalisierung befreit uns von lästiger Routinearbeit. Aber sie bringt mit einer stetig wachsenden Komplexität auch neue Anforderungen in die Arbeitswelt. Nun sollen wir lebenslang lernen und uns ständig neu organisieren. Mitarbeitende können nun mehr Verantwortung übernehmen und Führungskräfte einiges davon abgeben. Wie gelingt die Bewältigung dieser Herausforderungen? Und woher hat die Philosophie das Zeug, uns gerade in der steten Veränderung eine Art Generalschlüssel für Souveränität zu liefern? Darüber sprechen Dr. Irina Kummert und Gebhard Borck, beide hauptberuflich damit befasst, solche Transformationsprozesse zu begleiten, zu moderieren und zu gestalten.

Dr. Irina Kummert,
Präsidentin des Ethikverbandes der Deutschen Wirtschaft
Denken sei – neben Schlafen, Essen und gutem Wein – eines ihrer Hobbies, sagt die Philosophin. Was sie nicht verstehen kann: Weshalb manche Menschen sich kein eigenes Bild machen wollen und andere Meinungen übernehmen. Ihre Fähigkeiten in dieser Lebenskernkompetenz hat sie auch mit einem „Magna cum laude" für ihre Promotionsarbeit an der Philosophischen Fakultät der Goethe-Universität Frankfurt zum Thema *Strategien der Moral am Kapitalmarkt* unter Beweis gestellt. Immer neues Terrain zu betreten – auch gegen innere Widerstände – muss für sie am Ende etwas sein wie der Grundpfeiler des Weiterkommens. Ihre nächsten erklärten Trainingseinheiten: „Italienisch lernen, zu lernen, im Stehen schlafen zu können, Schach spielen, das Buch *Laws of Form* von George Spencer Brown auch mathematisch nachzuvollziehen."

Gebhard Borck,
Inhaber und Geschäftsführer der GB Kommunikation GmbH in Pforzheim
„Zwei Meter konstruktiver Optimismus mit lauter Stimme und Hang zur Ironie" – so beschreibt Gebhard Borck sich selbst. Neben Hunderten Kundenprojekten zählt der gebürtige Schwabe durchaus auch seine drei Pleiten vor zwei Jahrzehnten zu seinen wichtigen Qualifizierungsmaßnahmen. Schließlich haben gerade sie seinen Blick auf die Fallstricke der „alten Betriebswirtschaft" geschärft. Aber Borck weiß nicht nur, wie es nicht mehr geht. Er stellt sich auch gern vor, wie es sehr viel besser werden könnte. Mit einer gleichberechtigten Wirtschaft in einer besseren Welt. Daran ganz praktisch zu arbeiten, zählt für ihn zu den Herausforderungen, denen er sich immer wieder gern stellt.

Kummert: Wir sind beide auf der Suche nach Antworten auf die großen Fragen, die sich aus den Veränderungen in der Arbeitswelt ergeben. Etwa auf die Frage, wie wir von einer analogen zu einer digitalen Führungskultur kommen können. Also weg von einem Manager-Typus, der alles kontrollieren will, alles selbst zu wissen glaubt, hin zu einem team- und netzwerkorientierten Management. Damit beschäftige ich mich jedenfalls gerade. Was ist aktuell Ihr Thema?

Borck: Das ist die stetig wachsende Komplexität und damit der Umgang mit dem Unvorhersehbaren, mit Überraschungen. Ich will wissen, was sind für Unternehmen die geeigneten Mittel, auch der Unsicherheit und Unruhe zu begegnen, die daraus resultieren. Gerade im Mittelstand, wo die Mitarbeiterinnen und Mitarbeiter sich auf eine stabile Führung verlassen wollen.

Kummert: Da plädiere ich für einen philosophischen Ansatz. Philosophen sind es gewohnt, mit Komplexität umzugehen, sie zu reduzieren, auch dadurch, dass man zurücktritt und von allen Seiten betrachtet, was passiert. Dann kann Komplexität sogar Spaß machen, weil sie mir sehr viel mehr Möglichkeiten und damit Chancen offeriert.

Borck: Meine Methode zur Ohnmachtsbekämpfung: Ich sage den Leuten „versucht gar nicht erst, das alleine hinzubekommen. Bildet eine Gemeinschaft. Löst auch dieses Kastendenken auf. Hört den anderen zu und fangt an, voneinander zu lernen. Nehmt die Wahrnehmungen aller auf. Findet heraus, worin sie Chancen sehen und investiert diese Erkenntnisse in eure Produktivität, euren Umgang miteinander!" Das transformiert Furcht in Souveränität. Und es funktioniert. Als am 11. März 2020 der erste Lockdown war, hatten meine Kunden sich schon am 15. März neu aufgestellt und konnten am 17. März weiterarbeiten. Einfach, weil die Geschäftsführung niemandem mehr das Problem erklären musste und wie man es löst. Die Belegschaft hatte schon von sich aus damit angefangen.

Kummert: Da sind wir bei meinem Stichwort „Heterarchie". Im Unterschied zur Hierarchie ist sie durch Selbstbestimmung und Selbststeuerung gekennzeichnet. Sie funktioniert zirkulär, organisiert sich im Idealfall selbst und nutzt die Intelligenz der Vielen.

Borck: Ich nenne das „nomadische Führung". Sie setzt natürlich voraus, dass Führungskräfte Verantwortung abgeben wollen.

Kummert: Manchen fällt das tatsächlich schwer. Deshalb frage ich in meinen Gesprächen zuerst: „Was ist Ihr Ziel? Wie wollen Sie Ihr Ziel erreichen und wer sind die Stakeholder? Welche Ziele haben die?" Wenn sich offenbart, wie viel Nutzen darin liegt, sich auf die Kompetenzen der Mitarbeitenden zu verlassen, wirkt das sehr überzeugend.

Borck: Ich mache ähnliche Erfahrungen in meinem Arbeitsumfeld. Sobald Führungskräfte feststellen, dass es auch in ihrem Interesse als Mensch und in dem der Firma ist, die Verantwortung zu teilen, sind einige sogar erleichtert. Allerdings sind umgekehrt längst nicht alle Mitarbeiterinnen und Mitarbeiter bereit, einfach so mehr Verantwortung zu übernehmen. Da erlebe ich manchmal großen Argwohn. Zu oft schon wurde das Argument als Trick verwendet, um bloß mehr Pflichten nach unten zu delegieren, ohne es wirklich ernst zu meinen mit der Selbstbestimmung und der Teilhabe. Vor allem der am erwirtschafteten Erfolg.

Kummert: Es gibt tatsächlich Menschen, die gar nicht mehr Verantwortung wollen. Ich finde das durchaus legitim. Aber es ist auf der anderen Seite auch eine Frage der Vermittlung von neuen Herausforderungen, die darüber entscheiden, wie sie angenommen werden.

Borck: Haben Sie ein Beispiel?

Kummert: In meinen Workshops frage ich die Teilnehmer immer zuerst: „Was sind eure Themen?" Damit bekommen die Menschen die Gelegenheit, etwas sehr Spannendes festzustellen: Sie haben alle sehr ähnliche Probleme, ähnliche Unsicherheiten. Daraus entwickle ich, wenn es gewünscht ist, Leitlinien als Vorschläge, wie man sich in den unterschiedlichen Situationen verhalten könnte. Bei Rückmeldungen merke ich dann, wie manche Menschen einfach einen Rahmen, eine Orientierung brauchen, um sich mehr zuzutrauen und sich dann bedeutend sicherer zu bewegen.

Borck: Wäre es nicht sinnvoll, wir würden schon sehr viel früher mit solchen Leitlinien beginnen? Warum nicht bereits in der Schule Qualitäten wie Kommunikations- und Adaptionsfähigkeit, Einfühlungsvermögen, eigenverantwortliche Formen der Interaktion, wie sie später etwa im Umgang mit Kunden gefordert sind, üben?

Kummert: Im Prinzip stimme ich Ihnen da zu. Ich würde nur noch weiter gehen und das Fach „Ethik" durch „Philosophie" ersetzen. Nicht umsonst wird bei den Unternehmen, die ich als Personalberaterin (und Philosophin) beraten darf, laut darüber nachgedacht, neben den klassischen Funktionen wie CEO und CFO, zunehmend CPOs – Chief Philosophy Officers – zu etablieren. Weil diese besondere Art des Denkens, des Zurücktretens, um verschiedene Perspektiven einzunehmen, ungewöhnliche Fragen zu stellen, überhaupt Dinge viel mehr zu hinterfragen, vermehrt auch in Chefetagen den Unterschied macht.

„Ich würde den Begriff ‚Lernen‘ bei ‚lebenslang‘ streichen. Stattdessen würde ich ‚Verstehen‘ nehmen. Das knüpft an eine universelle menschliche Eigenschaft an – die Neugier. Die können wir uns viel mehr zunutze machen, wenn wir es schaffen, Verständnis und Verstehen als etwas zu präsentieren, das glücklich macht."

Dr. Irina Kummert

Borck: Ich hätte dann noch „Konflikt- und Selbstreflexion" als Lernziel beizusteuern. Meiner Erfahrung nach sind die meisten Menschen nämlich nicht gut darin, Konflikte zu bearbeiten. Sie haben nur ein Schema gelernt: Probleme zur Lösung nach oben in die Hierarchie zu delegieren. Zu einer guten Lösung kommt man aber nur, wenn man fähig ist, seine eigene Position und sich selbst zu reflektieren und zu hinterfragen.

Kummert: Es wäre sicher gut, so früh wie möglich mit all dem zu beginnen. Einfach, weil es sich so sensationell anfühlt. Ich erfahre an mir selbst immer noch, wie es plötzlich „klick" macht, wenn ich etwas begreife, wenn ich Zusammenhänge verstehe und wie mich das erfüllt. Ich würde allerdings den Begriff „Lernen" bei „lebenslang" streichen. Das klingt zu sehr nach Anstrengung. So wie „Moral" immer nach mieser Laune klingt. Ich würde stattdessen „Verstehen" nehmen. Das knüpft ja auch an eine universelle menschliche Eigenschaft an – an die Neugier. Die ist uns von ganz klein auf mitgegeben. Und die können wir uns viel mehr zunutze machen, wenn wir es schaffen, Verständnis und Verstehen als etwas zu präsentieren, das glücklich macht.

Borck: Da beschreiben Sie ein ganz wichtiges Phänomen. Einen enormen Lockstoff, der leider oft vergessen wird, wenn das Thema „lebenslanges Lernen" auf den Tisch kommt. Unser Gehirn giert ja nach Erkenntnis. Es produziert das größte Glücksgefühl überhaupt in dem Moment, in dem wir etwas lernen. Mehr geht nicht. Wenn man es schafft, Menschen das deutlich zu machen und, dass man diesen Moment, dieses große Glück beliebig wiederholen kann, wenn ich lerne, dann würde das niemand mehr als Last empfinden, sondern als das, was es ist: ein großer Glücksmotor. Es kann Menschen ja sehr zufrieden machen, wenn sie merken, wozu sie fähig sind. Und das „Verstehen", von dem Sie sprachen, hilft ihnen dabei, zu erfahren, wie und dass sie weiterkommen können.

Kummert: Wir reden von Gestaltungssouveränität, von Selbststeuerung, von mehr Horizontale statt Vertikale. Wie sehen für Sie die idealen Wachstumsbedingungen solcher Qualitäten aus?

Borck: Als Unternehmen kann ich das natürlich nicht verordnen. Ich kann nur Raum für solche Entwicklungen schaffen, einen Rahmen bieten, der Orientierung und Sicherheit schafft. Für mich ginge es darum, den Mitarbeitenden zu zeigen: Du trägst nicht die volle Verantwortung, die Unternehmer und Führungskräfte bis dahin getragen haben. Sondern: Du trägst die Verantwortung, die ihr als Gruppe tragt, mit. Ich würde ein Kommunikationsformat ermöglichen, in dem keiner übergangen wird und man sicher sein darf, am Ende nicht als Einzelperson am Pranger zu stehen, wenn etwas misslingt.

Kummert: Für mich würde zu dem Raum, der da aufgemacht werden sollte, auch unbedingt Konsistenz gehören. Eine Übereinstimmung zwischen dem Gesagten und dem Tun. Dazu gehört auch, Werte, die gerade ganz viele Unternehmen entwickeln oder schon haben, nicht über die Köpfe der Mitarbeitenden hinweg festzulegen. Ich halte sehr viel mehr davon, diese Werte gemeinsam zu entwickeln. Etwa in interaktiven Workshops. Womit wir wieder bei der Konsistenz wären: Was wir gemeinsam entwickeln ist authentisch. Eine Verabredung, der wir uns alle verbunden fühlen.

Borck: Dazu passt eine Studie von Wissenschaftlern der Uni Innsbruck. Sie wollten wissen, wann ein Beruf als sinnvoll erlebt wird. Das Ergebnis: Es ist, neben den Kolleginnen und Kollegen, die gelebte Wirklichkeit im Unternehmen entscheidend dafür, dass Sinnerleben am Arbeitsplatz stattfinden kann. Und: Wenn das Vertrauen fehlt, wonach gerade auch die Geschäftsführung integer handelt, kann das einen Mangel an Sinnerleben in der Arbeit auslösen. Es hilft uns Menschen, wenn wir das, was wir tun, als sinnhaft empfinden. Allerdings: Wenn ich Kollegen von „The purpose of Organisation" sprechen höre, schaudert es mich. Was soll ich mit einem übergeordneten, generalisierten Sinn anfangen?

Kummert: Mir läuft schon gleich bei dem Wort „Sinn" eher ein Schauer über den Rücken. Mir ist das viel zu unkonkret, zu allgemein. Sinn hat doch für jeden Einzelnen eine andere Bedeutung und wirklich interessant wird das erst, wenn wir fragen: Was ist das für dich ganz persönlich? Was macht für dich Sinn?

Borck: Man kann Sinn nicht verordnen. Auch da wird es persönlich. Wie überhaupt der Mensch viel mehr Raum in Unternehmen einnimmt. Ein Computer ist sicher ein tolles Gerät. Aber ein denkbar ungeeignetes, um die Komplexität zu bewältigen. Wer aber Menschen will, die das können, der sollte sich auch mit ihrer Komplexität auseinandersetzen. Mit allem, wie und was ein Mensch ist.

Kummert: Aber wer ist dann für Sinnstiftung verantwortlich? Die Mitarbeitenden selbst? Die Führungskraft? Mein Gefühl sagt mir, dass beide dafür Verantwortung übernehmen könnten. Obwohl ich auch in Unternehmen dasselbe erlebe wie in

IRINA KUMMERT UND GEBHARD BORCK

„Zu einer guten Lösung kommt man nur, wenn man fähig ist, seine eigene Position und sich selbst zu hinterfragen."

Gebhard Borck

der Politik: Wir pochen zwar alle auf diese Freiheit, rufen aber dann doch nach jemandem, der die Verantwortung für uns übernimmt. Der Entscheidungen trifft. Allerdings: Wenn ich einen offenen Diskurs führe, dann stellt sich durchaus auch ein Aha-Erlebnis ein und vielleicht auch so etwas wie Sinn.

Borck: Ich bin überzeugt, nur der Mensch selbst kann für seine Sinnfindung verantwortlich sein. Das zu erkennen, fordert Führungskräfte gerade in Lösungssituationen heraus. Viele agieren häufig immer noch so: Sie erkennen das Problem. Sie denken über mögliche Lösungen nach. Dann entscheiden sie im stillen Kämmerlein, welche sie nehmen. Erst danach klären sie ihre Mitarbeiterinnen und Mitarbeiter über die Lösung auf. Klar, dass dann Blockaden aufkommen, ja sogar niemand mehr Verantwortung übernehmen will. Für die Führungskraft besteht nun die Herausforderung darin, in dem Moment, in dem sie eigentlich am unsichersten ist, weil sie noch keine Lösung hat, die Mitarbeitenden an der Problemlösung zu beteiligen. Und zwar alle. Vor allem jene, die in den Widerstand gehen. Wichtig ist dabei zu unterscheiden, wer macht das aus opportunistischen Gründen und wer aus Loyalität zur Firma. Das ist eine große Herausforderung, an der ich mit Unternehmern arbeite.

Kummert: Ich denke, wir sollten das immer erst einmal als Angebot formulieren. Die Voraussetzung für die Heterarchie ist ja, anzuerkennen, dass jemand anders etwas besser weiß als ich – unabhängig von der hierarchischen Position. Damit einher geht, ein Bewusstsein für den Nutzen und das Ziel von Teamarbeit geweckt zu haben. Darüber sollten sich die Beteiligten im Vorfeld durchaus auch projektbezogen verständigen. Die Themen entwickeln sich innerhalb agiler Teams normalerweise ganz von alleine – und werden weiter gedacht oder fallen gelassen. Das funktioniert ganz gut. Und wenn nicht, dann muss auch darüber gesprochen werden.

Borck: Ich erfahre in meinem Arbeitsumfeld durchaus, wie die Idee des lebenslangen Lernens oder des lebenslangen Verstehens auf fruchtbaren Boden fällt. Wie Menschen mehr sein wollen als funktionierende Leistungsträger. Wie sie sich und die Arbeitswelt verändern können und die Komplexität als Herausforderung annehmen, um neue Arbeitsweisen zu entwickeln. Mein eigenes Unternehmen ist auch nur ein Teil von sich stets neu bildenden Netzwerken. Mit Menschen, die sich fachlich immer noch fitter machen, sich aber auch ganzheitlich entwickeln, die sich für Veränderungen öffnen. Das ist spannend!

Kummert: Ich bin sicher, dass Veränderungen nicht unbedingt „von oben" kommen müssen, um nachhaltig zu sein. „Oben" und „unten" hat vielleicht sogar bereits gänzlich ausgedient oder ist auf dem Weg dorthin. Wer selbst denken kann, der braucht keinen Halt oder eine Richtung durch vorgegebene Werte, der braucht maximal Orientierung. Der handelt aus sich heraus der Situation angemessen. Womit wir wieder bei der Philosophie wären. Sie liefert die idealen Voraussetzungen für dieses Selbst-Denken, für das Verstehen und dazu, zum Subjekt statt zum Objekt von Veränderungen zu werden.

Buchtipp: Gebhard Borck: Die selbstwirksame Organisation.
Das Playbook für intelligente Kollaboration, Business Village, 2020

NICOLE BRANDES

„Me, My, and I."

Warum Selbstkompetenz kein Egotrip, sondern die Kompetenz der Zukunft ist

**Management Coach Nicole Brandes
über die Kraft des WESEN-tlichen, das
jeden von uns ausmacht, wegweisende
Zweifel an den eigenen Grenzen und
warum Unternehmen auf allen Ebenen
profitieren, wenn Mitarbeiter zum
Meister ihrer selbst werden.**

self,

Die Sehnsucht nach einem erfüllten Leben ist in allen Kulturen gleich. Die einzige Zielsetzung, die Menschen mühelos teilen, ist der Fortbestand des Lebens. Und das nicht nur im Überlebensmodus, sondern mit einem guten Lebensgefühl. Hier sind die individuellen Eigeninteressen vereint. Dazu gehört, dass der Mensch etwas leisten will – nicht einfach etwas, sondern etwas, das eine Bedeutung hat. Etwas, das einen Unterschied macht. Etwas, das Sinn macht. Deshalb ist gute Arbeit wichtig. Zusammenarbeit mit Gleichgesinnten, in der etwas Bedeutungsvolles entsteht, ist zentral. Das Bedürfnis, einen Beitrag zu einem großen Ganzen zu leisten, liegt in der menschlichen Natur. Aber ist das heutzutage überhaupt möglich?

Die Welt dreht sich so schnell, dass uns schwindelig wird. Wir leben in einer Zeit der Entgrenzung, die einzigartige Perspektiven eröffnet. Wir geraten ins Taumeln angesichts der unendlichen Möglichkeiten, die in unvorstellbaren Dimensionen um uns kreisen. Und sind dadurch an allen Fronten gefordert. Geistig, emotional, spirituell – als Individuum, als Familie, als Chef und als Mitarbeiter.

Was tun, wenn wir nicht wissen, was zu tun ist?

Wir stehen an einem planetaren Scheideweg in der Weltgeschichte. Ungewissheit ist das neue Normal. Aufgrund unseres Überlebensgens sind wir Menschen von Natur aus nicht gut vorbereitet auf die VUKA-Welt – die volatile, unsichere, komplexe und ambivalente Arbeitswelt von heute. Sie steht im scharfen Gegensatz zu den Grundbedürfnissen des Menschen. Volatilität ist der Gegenpol zu einem stabilen Umfeld. Unsicherheit ist der Antipode unseres Strebens nach Sicherheit. Komplexität macht es schwierig, uns und die Welt um uns herum vollständig zu begreifen. Und wenn wir glauben, sie begriffen zu haben, werden wir mit Ambiguität konfrontiert. Wir wissen nicht, ob unsere Ansichten richtig oder falsch sind. Inmitten dieses überwältigenden Kräftespiels suchen wir nach Halt und Orientierung und versuchen, irgendwie mit der Situation umzugehen. Ohne Verlässlichkeit gegenüber dem, was uns als Menschen auszeichnet und sich stützt auf unsere wahren Bedürfnisse, machen wir leicht kostspielige Fehler. Und es wird schwierig, Zuversicht zu bewahren. Dennoch weiß ich aus meiner langjährigen Arbeit als Beraterin und Coach, dass wir alles in uns haben, um mit dieser VUKA-Welt mehr als nur zurecht zu kommen.

Eines ist sicher: nichts!

Was passiert, wenn das Leben uns mit Unsicherheit flutet? Der Mensch ist so veranlagt, dass er versucht, die Unsicherheit zu eliminieren. Dieses Verhaltensmuster ist tief in uns verankert. Aber mit diesem ureigenen Reflex kommen wir heute nicht mehr weit. Kein Mensch kann gut performen, wenn er gegen den Sturm ankämpft. Wir können Unsicherheit weder minimieren noch wegzaubern. Der Schlüssel ist, nicht Unsicherheit zu managen, sondern sich selbst.

Aber unser Überlebensgen sorgt dafür, dass wir permanent versuchen, das genaue Gegenteil zu erreichen. Wir bemühen uns nach Kräften, unsere Schäfchen ins Trockene zu bringen und für uns selbst ebenfalls dort Unterschlupf zu finden. Das tun wir, obwohl Covid-19 uns auf dramatische Weise vor Augen geführt hat, dass selbst die sichersten Einkommensquellen plötzlich versiegen, unser Impfpass über Nacht eine

> „Um Ihren Erfolg massiv zu verbessern, gilt es, massiv Neues auszuprobieren und konventionelle Ansätze über Bord zu werfen."

> **NICOLE BRANDES**
>
> Nicole Brandes' Passion sind menschliche Quantensprünge. Außergewöhnliches zu erreichen sei keine Frage von Talent, sondern der Strategie. Ihr Job: High Performer zu shiften – vom Schuften im Hamsterrad „in ein Leben und Leisten mit Feuer und Energie" – weil es nicht nur besser, sondern auch glücklicher macht. Ihre Erfahrung: über 15 Jahre im Spitzenbusiness mit den Mächtigen, Reichen und Royals dieser Welt. Ihr Ausgleich: Zeit in den Bergen und beim Schwimmen im See. Letzteres täglich. Auch im Winter! Es gäbe ihr das, wonach wir uns alle sehnen: Ruhe und Lebendigkeit.

lebensbedrohliche Lücke aufweist, Kitas und Schulen bis auf Weiteres geschlossen bleiben und ganze Branchen plötzlich nicht mehr arbeiten können. Niemand wird mit diesem Verhaltensreflex eine gute Leistung erzielen ohne dabei auszulaugen. Dabei werden wir mehr denn je mit Unsicherheiten klarkommen und uns damit abfinden müssen. Unsicherheit wird erst recht in Zukunft das einzig Sichere sein, ob wir das wollen oder nicht. Um unser Bestes zu geben, gilt es, unser Bestes zu sein. Und das braucht „special treatment" entgegen dem, was sich richtig anfühlt. Nutzen Sie diese bemerkenswerten Zeiten. Für Ihr persönliches Wachstum. Für bemerkenswerte Ergebnisse.

Denken Sie in die Richtung der eigenen Kraft
Die meisten Menschen unterschätzen dramatisch, wie gut sie sind und wie viel besser sie sein könnten. Dafür gilt es, sich über die eigenen natürlichen Reflexe hinwegzusetzen. Dann haben Sie die Fähigkeiten, Ihre Performanz exponentiell zu verbessern und persönliche Erfolge in ganz neuen Dimensionen zu erzielen. Bei allem Respekt: Auch wenn Sie sich jetzt als erfolgreich bezeichnen, sind Sie sehr wahrscheinlich fern von dem, wozu Sie eigentlich fähig sind. Auch die Wissenschaft ist sich einig: Die meisten Menschen kratzen nur an der Oberfläche ihres Potenzials. Warum? Weil wir nie gelernt haben, es zu entfalten! Der äußere Fortschritt passiert, der innere Fortschritt ist eine eigene Entscheidung. Wenn Sie sich nicht dafür entscheiden, verschenken Sie enormes Kapital. Wenn Sie es nicht nutzen, kann eine diffuse Unzufriedenheit und Rastlosigkeit entstehen, die Sie vorwärtsdrängt. Nur: Wohin? Der nächste Job im „Außen", in der Berufswelt, kann es nicht sein. Vielmehr geht es um den Job im Innen. Dort liegen Ihre großen Ressourcen. Dort liegt das WESEN-tliche des Menschen. Dort beginnt die Magie, nämlich dieses unbändig gute Gefühl, zu Höchstform aufzulaufen und sich dabei im Flow zu fühlen, sogar im Sturm. Sie haben unendliches Potenzial. Es abzurufen und zum Ausdruck zu bringen, ist zunächst keine Frage der Fachkompetenz, sondern der Selbstkompetenz. Zeit, sich um die Entwicklung der Selbstkompetenz zu kümmern! Der Lohn dafür geht weit über das hinaus, was Sie sich vorstellen können.

Werfen Sie konventionelle Ansätze über Bord
Die meisten Menschen folgen dem Offensichtlichen. Wir verlassen uns auf Verhaltensweisen, die sich als günstig erweisen, um erfolgreich zu sein. Wenn sich etwas bewährt, bleiben wir an diesen Rezepten kleben. Und je öfter wir sie anwenden, desto geübter werden wir. Mit der Folge, dass wir ungern Neues ausprobieren. In Zeiten der exponentiellen Entwicklung ist das fatal. Ihr mit einem kühlen Kopf und feurigem Herzen zu begegnen, ist ein inneres Spiel.

Die Konvention lässt die meisten Menschen glauben, dass Erfolg linear ist – Schrittweise von einem Level zum nächsten zu kommen. Das ist bedauerlicherweise ein Irrglaube. Erfolg kann in großen Sprüngen stattfinden. Hergebrachte Konzepte bringen hergebrachte Erfolge. Um Ihren Erfolg massiv zu verbessern, gilt es, massiv Neues auszuprobieren und konventionelle Ansätze über Bord zu werfen. Untersucht man die Biografie von Ausnahmekünstlern, Athleten, Entrepeneuren und Menschen, die Außergewöhnliches erreicht haben, so haben sie alle etwas gemein: innere Stärke.
Sie nutzen Fähigkeiten wie

- → Vorstellungskraft
- → Schöpferkraft
- → Durchhaltevermögen
- → Fokus
- → Erfindergeist
- → Wille
- → Optimismus
- → Resilienz

Zweifeln Sie an Ihren Grenzen
Die gute Nachricht in diesem Zusammenhang ist, dass diese Fähigkeiten keineswegs Privilegien besonders erfolgreicher Menschen sind. Sie sind grundsätzlich jedem Menschen eigen. Der Unterschied ist, dass die außergewöhnlich Erfolgreichen es schaffen, sich dieser Eigenschaften zu bemächtigen und sie zu entfalten, während andere den Stimmen der Selbstzweifel zu oft und zu lange zuhören und dadurch häufig weit hinter ihren Möglichkeiten bleiben. Machen Sie es wie diese Menschen. Greifen Sie auf Ihre Ressourcen zurück. Aktivieren Sie sie. Und vertrauen Sie darauf. Sie haben mehr Potenzial, als Sie glauben. Wenn Sie an etwas zweifeln wollen, dann zweifeln Sie an Ihren Grenzen!

Mobilisieren Sie Ihre Kraft
Turbulenzen haben die Eigenheit, dass sie alles Dringliche sofort an die Oberfläche spülen. Sie verschärfen Bedürfnisse. Und sie drängen Sie ins sofortige Handeln, ohne dass Sie alle notwendigen Informationen zur Hand haben. Das löst Verunsicherung und Ängste aus und ist oft schwer auszuhalten. Die meisten Menschen lassen sich von solchen Unwägbarkeiten bestimmen und machen die äußeren Umstände für ihre Performanz verantwortlich.

Wie die Zukunft aussehen wird, können Sie nicht wissen. Aber wie Sie ihr begegnen wollen, das können Sie bestimmen: zuversichtlich, zentriert und kraftvoll. Dafür mobilisieren Sie Ihre Kräfte – genau wie Menschen es tun, die Außergewöhnliches erreicht haben. Wie funktioniert das genau? Indem Sie ein paar einfache, aber mächtige Prinzipien anwenden. Ein guter Start könnte die 3R-Formel sein:

Das erste „R": Realize – das Bewusstsein schärfen
Warum erreichen die einen Menschen anscheinend alles, schaffen, was sie wollen, auch in den heftigsten Stürmen, während andere strampeln? Trotz aller Einflüsse von außen, hat nichts so starke Auswirkung auf unser Leben wie unsere Träume. Menschen, die nach Verbesserung, Glück, Freude und Lebendigkeit streben und dies auch erreichen, haben eine glasklare Vorstellung von dem, was sie wollen.

Oft richten wir uns zu sehr nach dem, was andere von uns erwarten, wie wir sein sollen, was wir zu tun haben, was wir erreichen müssen. Entwickeln Sie das Bewusstsein für Ihre Träume! Sie sind die Vision von dem Leben, das Sie führen wollen. Je größer

„**Wie die Zukunft aussehen wird, können Sie nicht wissen. Aber wie Sie ihr begegnen wollen, das können Sie bestimmen: zuversichtlich, zentriert und kraftvoll.**"

Ihr Traum, desto stärker zieht er Sie vorwärts. Je präziser er definiert ist, desto heller leuchtet er. Erst recht in schwierigen Zeiten, wenn der Weg verdunkelt ist. Menschen, die eine klare Vorstellung von ihrer Zukunft haben und sie antizipieren, setzen enorme Kräfte frei. Was beinhaltet also ein gutes Leben für Sie? Die Antwort ist gar nicht so einfach, aber dafür sehr mächtig. Seien Sie Visionär Ihrer Zukunft. Stellen Sie sich vor, wie es wäre, wenn Sie alles erreicht haben, was Sie wollen. Nutzen Sie Ihre Vorstellungskraft und schreiben Sie eine Liste, die neben der Arbeit alle wichtigen Lebensbereiche beinhaltet wie Liebe, Freundschaft, Gesundheit, Finanzen, Spiritualität und arbeiten Sie täglich daran.

Das zweite „R": Recognize – Hindernisse erkennen
Träume sind wundervoll. Aber sie allein reichen für ein großes Leben nicht aus. Es gilt, die Gegenwinde zu erkennen, die Sie ausbremsen: die Neinsager, die schwierigen Umstände, die Zweifel, die Sorgen und die größte Hürde, die Menschen umkehren, gar nicht anfangen oder scheitern lässt: die Angst. Der Mensch hat wunderbare Strategien entwickelt, um sich diesem unangenehmen Gefühl zu entziehen: Ausreden, Aufschieben, Ablenken. Wenn Sie dem nachgeben, bleiben Sie stehen. Sie können nie weitergehen, als Ihre Zweifel, Ängste und Sorgen es Ihnen erlauben. Aber wenn Sie durch die Angst hindurchgehen, sie überwinden, kommen Sie weiter. Wo die Angst ist, ist auch der Weg. Dort finden Durchbrüche statt. Dort wachsen Sie und bringen neue Facetten von sich zum Leuchten. Hindernisse zu erkennen – vor allem die verborgenen – und sich ihnen zu stellen, ermöglicht Ihnen einen exponentiellen Anstieg Ihrer Erfolge.

Tun Sie alles, um sich auf Gegenwinde vorzubereiten. Menschen, die für sich und ihren Traum einstehen, sehen die Zukunft in der Gegenwart. Nicht was ist, sondern was sein könnte. Sie sind kreativ. Sie erkennen neue Wege. Sie erkennen, wie sie den Augenblick für sich nutzen, statt sich von ihm aufhalten zu lassen. Und sie erkennen, was sie brauchen, um sich zu motivieren und sich dabei gut zu fühlen. Das gibt Vertrauen, fördert den Mut und stärkt das Selbstwertgefühl.

NICOLE BRANDES

„Die meisten Menschen unterschätzen dramatisch, wie gut sie sind und wie viel besser sie sein könnten."

Das dritte R": Reconcile – mit Lösungen experimentieren
Es gibt einen großen Unterschied zwischen „überleben in unsicheren Zeiten" und „das Leben trotzdem leben". Täglich können wir wählen, was wir mit unserem Leben machen. Wir können wählen, unter unseren Fähigkeiten und unter unserem Potenzial zu leben. Mit der Konsequenz, weniger zu haben, weniger zu erreichen und weniger auszuprobieren. Oder wir können wählen, das Beste zu sein und das Beste zu geben, um das beste Leben zu leben. Sie können Strategien entwickeln, um dem näher zu kommen, was Sie wirklich wollen. Sie können sich darin üben, mehr aus sich herauszuholen, zu Höchstform aufzulaufen und dem Leben mit heiterer Gelassenheit ins Auge zu blicken. Das muss man ausprobieren und trainieren.

Wenn es Ihnen gelingt, das eigene Potenzial zu entdecken, es zu entfesseln, zu fördern, zu pflegen und es zu beschützen, stellt sich ein unglaublich beglückendes Gefühl ein. Ein Gefühl, das Selbstkompetenz wie von Zauberhand entstehen lässt. Ist das einfach? Nein, aber der Aufwand lohnt sich. Denn diese Selbstkompetenz führt dazu, dass Sie aus sich heraus Großes entstehen lassen können. Und dieses Große bringt nicht nur Sie weiter. Es ist wie eine unsichtbare Magie, die andere Menschen ansteckt, sie bewegt und sich zu etwas Größerem verbindet. Sie erinnern sich: Sie haben unendliches Potenzial, Sie müssen es nur entfesseln.

Sich vom Leben berühren lassen
Um ein großartiges Leben zu leben, gilt es, selbst großartig zu werden. Es geht nicht um höher, schneller, weiter, sondern lediglich darum, die eigene Größe, die Sie zweifelsfrei haben, zu entfalten, um das Leben groß zu leben. Das Leben ist eine Quelle von Freude, Fülle, Freiheit, Glück, Liebe, Abwechslung, Bedeutung, Sinn und Erfüllung. Diese Werte stehen jedem zu. Ungeachtet aller Umstände. Und sie stehen jedem zur Verfügung, der gewillt ist, die eigenen Ressourcen zu entdecken und sie für das eigene Wachstum einzusetzen. Selbstkompetenz ist kein Egotrip, sondern eine Notwendigkeit, wenn man das Leben in all seinem Reichtum erleben möchte und zugleich den eigenen Reichtum an Talenten und Fähigkeiten weitergeben will.

Wir haben die Fähigkeit, eine schwierige, scheinbar hoffnungslose Situation in eine heitere, glückliche Existenz zu verwandeln. Menschsein heißt, vom Leben gefragt sein. Sich von ihm berühren zu lassen. Erst recht in turbulenten Zeiten. Unser Leben ist voll von Möglichkeiten, um neue Dimensionen von Glück und Freude zu erleben. Was es dazu braucht? Die Kompetenz, sich mit den eigenen Fähigkeiten zu rüsten und die Entscheidung, sich darauf einzulassen. Die Wahrscheinlichkeit ist groß, dass Sie dann mit erstaunlicher Leichtigkeit und Eleganz zu der Größe finden, die Sie sich selbst, aber auch anderen wünschen. Das wünsche ich Ihnen.

Buchtipp: Nicole Brandes: Weiblich, wild & weise. Selbstbewusst. Selbstbestimmt. Selbsterfüllt., Goldegg, 2019

können

Wille allein reicht nicht. Man muss das, was man will, auch umsetzen können. Dafür benötigen wir Kennerschaft und Expertise aus verschiedensten Fachgebieten. Wie kommt die Kompetenz der Einzelnen im Unternehmensgefüge zum Tragen? Welche Strukturen und Arbeitsmethoden führen zu einem positiven Umgang mit Lernen und Wissen? Und wie wird Wissen sinnvoll geteilt, damit alle davon profitieren? Stellschrauben gibt es viele. Oft zeigt erst der fachkundige Blick und kluge Rat von Experten außerhalb der eigenen Organisation, was möglich ist.

Die Flamme des Sinnhaften immer wieder entfachen

DIRK KAFTAN

DIRK KAFTAN

Dirk Kaftan ist seit 2017 Generalmusikdirektor der Stadt Bonn und des Beethoven Orchesters Bonn. Er hat drei Jahrzehnte Erfahrung als Dirigent – unter anderem als Generalmusikdirektor in Augsburg, Chefdirigent in Graz, Gast der Dresdner Semperoper und der Komischen Oper Berlin. Die Zeitschrift „Opernwelt" nominierte ihn mehrfach als „Dirigent des Jahres", im Oktober 2020 wurde er in Berlin mit einem Opus Klassik ausgezeichnet. Dirk Kaftan sieht seine Aufgabe nicht nur darin, für die Zuhörer eine perfekte fachliche und künstlerische Leistung abzuliefern. Für ihn geht die Aufgabe eines Musikers über den Konzertsaal hinaus. Seine Verantwortung sieht er auch darin, insbesondere Kindern und Jugendlichen musikalisches Wissen nahezubringen und ihnen ein Verständnis dafür zu vermitteln, wie sich Musik erschließt.

Der Dirigent Dirk Kaftan versteht Musik immer auch als Einladung zum Mitdenken und Mittun. Doch damit inspirierende Klänge überhaupt entstehen können, ist ein gut funktionierendes Team unerlässlich.

Herr Kaftan, wenn Sie vor einem Orchester stehen, müssen Sie dafür sorgen, dass alle Musiker gemeinsam anfangen und im selben Tempo spielen. Aber das sind nur Grundvoraussetzungen für das Gelingen einer Aufführung. Wie sehen Sie Ihre Rolle in einem großen Team von Spezialisten?
Die Rolle ist ambivalent, weil es einerseits ein Prinzip des Gehorsams zwischen Dirigent und Orchester gibt, was sich in der heutigen Zeit allenfalls noch beim Militär findet. Wenn gemeinsam im selben Tempo begonnen werden soll, dann geht das nur nach einem geordneten, sehr hierarchischen Prinzip. Andererseits funktioniert es nur, wenn zusätzlich eine Resonanz, ein gemeinsamer Sinn entsteht. Das heißt, die Zeit der Diktatoren, die keine Widerrede dulden und ein Orchester mit militärischem Stil führen, ist vorbei.

Welche Kompetenzen sollten Orchestermusiker mitbringen; was erwarten Sie grundsätzlich von ihnen?
Das ist vielschichtig. Die Musiker werden in einem Orchester nach einem demokratischen Prinzip ausgewählt, das heißt, da gibt es Probespiele hinter einem Vorhang, damit Aussehen, Geschlecht und Herkunft keine Rolle spielen. Und es geht erst einmal ganz banal darum, wie sie ihr Instrument spielen und wie dieses Spiel zum Orchester passt. Das sind die abfragbaren technischen Komponenten. Gleichzeitig spielt die Ebene der Seele oder des Geschmacks bei der Musik auch eine Rolle.

Die meisten Instrumentalisten haben eine Soloausbildung hinter sich, in der sie darauf getrimmt wurden, allein im Fokus zu stehen. Im Orchester sind sie dann als Teil eines großen Ganzen gefragt. Wie fördern Sie die Teamfähigkeit Ihrer Musiker?
In der Tat ist eine extrem hohe psychologische und menschliche Kompetenz gefragt, denn ein Orchester ist in sich auch wieder hierarchisch strukturiert. Man sitzt sehr eng beieinander und das täglich. Und es sind alles Akademiker, die ihre individuelle Meinung zu dem Geschehen haben, oder haben sollten. Trotzdem muss sich jeder im Ganzen aufgeben, sich in gewisser Weise zurücknehmen, darf sich aber nicht dabei verlieren. Es gilt, die individuelle Stärke einzubringen in das Ganze. In das Produkt, wie Sie wahrscheinlich in der Wirtschaft sagen.

Kann man also sagen, dass Faktoren wie Atmosphäre oder Kollegialität im Orchester eine Rolle spielen, damit jeder sein kreatives Potenzial gut entfalten kann?
Ja, das ist absolut unerlässlich. Atmosphäre entsteht erst einmal dadurch, dass man eine Einsicht in einen gemeinsamen Sinn hat. Beim Produzieren von Tönen muss ich mir im Idealfall immer die Frage stellen, warum tue ich das jetzt in diesem Moment, für wen tue ich das, was möchte ich damit ausdrücken. Dieses Atmosphärische entsteht zunächst aus diesem sinnstiftenden Ensemble-Moment. Dazu kommt, wie ich glaube, dass unter Zwang nicht unbedingt Höchstleistungen entstehen, sondern dass diese Höchstleistung aus der bereits er-

„Es hilft, den Status quo immer mal wieder komplett zu hinterfragen und auf positive Art und Weise zu verunsichern."

wähnten Resonanz entsteht. Die Sensoren müssen offen sein und ein Höchstmaß an Konzentration zulassen. Und das funktioniert nicht in einer Atmosphäre der Angst.

Hat sich in dieser Beziehung im modernen Orchester etwas geändert? Wie vermeiden Sie eine Atmosphäre der Angst?
Das, was ich will, ist eine Disziplin aus Selbstverantwortung und Einsicht. Ich will nicht, dass man Angst haben muss, vom Chef für irgendeinen Fehltritt geschimpft oder gar vorgeführt zu werden. Es geht dabei viel um Respekt. Ich glaube, dass in früheren Zeiten das diktatorische Prinzip in einem Orchester wie in jedem anderen Betrieb viel stärker war, in gewisser Weise übergriffiger. Und dass wir heute, in einer Zeit, in der wir viel über flache Hierarchien und das Arbeiten auf Augenhöhe reden, neue Definitionen brauchen. Dass wir jeden Einzelnen respektieren und in seinem Potenzial so wahrnehmen, dass er eben nicht überfahren wird oder im schlimmsten Falle bei der Berufsausübung Angst hat.

Wie machen Sie das konkret, wenn Sie vor dem Orchester stehen, wie gewinnen Sie die Musiker für Ihren Interpretationsansatz? Es könnte doch auch sein, dass mancher eine andere Vorstellung davon hat, wie man bestimmte Passagen spielen soll?
Das ist sicher so. Wir spielen ein Repertoire, das mehrere Jahrhunderte zurückreicht und eine ebenso lange Aufführungstradition durchlaufen hat. Es geht bei mir in erster Linie darum, zu überzeugen, zu motivieren und die entscheidenden Stellen im Ensemble zu vernetzen. Ich habe kein allgemeingültiges Rezept, das ist extrem werkabhängig. Also, Begründen und Überzeugen – das ist ein möglicher Weg. Das Mitnehmen der Musiker in den Flow der Idee ist das, worauf es mir ankommt.

Gibt es für die Musiker bestimmte Phasen des Erarbeitens, in denen sie selbstbestimmt handeln können? Und wenn ja, welche wären das?
Das ist ein Geben und Nehmen. Dabei muss man sicher unterscheiden: Spiele ich

im Tutti als Streicher mit 20 anderen in der Gruppe oder bin ich ein Solobläser? Aber auch in der Gruppe ist der Einzelne enorm wichtig. Das fängt bei sphärischen Dingen an, also wie schaffe ich es, die Arbeitsatmosphäre positiv zu beeinflussen? Aber es kann auch negative Auswirkungen haben, wenn jemand mitspielen soll, der gerade nicht in der Lage ist, sich auf das Projekt einzulassen. Musik machen im Ensemble ist immer ein Spiel zwischen Selbstbestimmung und Einordnung.

Also, die Musiker stehen wirklich in der Probe auf und sagen, ich finde die Generalpause viel zu kurz oder das Decrescendo zu schwach?
Ja, absolut, es kann sein, dass sie mir sagen: „Also, wie Sie das hier dirigieren, das verstehe ich jetzt nicht." Man ist in gewisser Weise auf Augenhöhe, wenngleich ich keiner von ihnen bin. Es sind noch getrennte Welten, und das ist etwas, was in diesem Kontext sein muss, glaube ich.

Weil dann doch letztlich Sie angeben, wie es gemacht werden soll?
Jein, weil der Dirigent auch eine Art Reibungsfläche sein muss für ein Ensemble. Das heißt, wenn ich sage, „Mensch, wir sind doch alle gleich", wenn ich quasi die Diskussion komplett freilasse, dann habe ich Chaos. Diese Gratwanderung zwischen einer hierarchisch gegliederten Demokratie – in der jeder seinen Platz hat und respektiert wird – und Anarchie, die ist immer da. Gerade, wenn man das Gegenüber absolut respektiert.

Wenn Sie sagen „Ich bin Reibungsfläche", dann setzt das eine recht große Selbstreflektion voraus. Es ist ja im Orchester unglaublich wichtig, dass man sich gegenseitig wahrnimmt, dass man zum Beispiel die Einsätze des Gruppenführers sieht, jede Körperregung erkennt.
Da geschieht ganz viel nonverbal. Es ist extrem viel nonverbale Kommunikation, die ganze Zeit.

Kann man so etwas lernen?
Klar kann man das lernen. Das geschieht aber zu wenig. Das ist ein großes Manko. In der Ausbildung werden die Qualitäten des Orchestermusikers infolge der solistischen Ausrichtung des Studiums weder

fachlich noch psychologisch geschult. Ich glaube, dass viele erst in dem Moment Orchesterspielen lernen, in dem sie tatsächlich ins Orchester kommen. Das ist ein Problem.

Haben Sie als Dirigent dann Einfluss, das nachzuholen?
Ja, das versuche ich. Mein Beruf erschöpft sich ja nicht darin, dass ich die Probe leite, das ist sozusagen die Kür. 70 Prozent meiner Arbeit besteht darin, Voraussetzungen, sprich Organisationsstrukturen zu schaffen. Und dann ist ein großer Anteil die Führung, die Begleitung der Musiker, in vielen Einzelgesprächen. Es gibt auch Gruppensitzungen ohne Instrument. Man kann mit Coaches aus verschiedenen Bereichen zusammenarbeiten, neue Dinge ausprobieren, die Sitzordnung aufweichen ... Es hilft, den Status quo immer mal wieder komplett zu hinterfragen und auf positive Art und Weise zu verunsichern. Das ist schon sehr vielseitig und macht wirklich Spaß, wenn man sich darauf einlässt.

Hat es auf Ihre Probenarbeit Einfluss, wie das Publikum reagiert, welche Atmosphäre Sie im Saal wahrnehmen?
Ich versuche, mich bei der Aufführung in einen Konzentrationszustand zu versetzen, in dem es nur um die Sache geht. Aber natürlich merken Sie, ob eine Pause trägt im Saal, ob Spannung da ist. Es ist aber in der Probenarbeit immer wieder das Ziel, bei null anzufangen, um dann ein authentisches Ergebnis zu liefern. Wenn ich nicht authentisch bin und das umsetze, woran ich wirklich glaube, dann werde ich nie überzeugen und keinen Erfolg haben.

Ein Profimusiker muss seine Virtuosität auf hohem Niveau halten und sich auch ständig künstlerisch weiterbilden. Schon Robert Schumann notierte in seinen „Haus- und Lebensregeln": „Es ist des Lernens kein Ende." Wie motiviert man sich, in dieser Hinsicht immer „in Bewegung" zu bleiben", sich niemals zurückzulehnen? Und: Wie sieht der Lohn dafür aus?
Das ist eine gute Frage. Der Lohn drückt sich nicht darin aus, dass man, wenn etwas besonders gut gelingt, einen Bonus bekommt, und wenn die Stelle daneben geht, einen Gehaltsabzug. Die Motivation muss immer aus der Sache herauskommen, kein Musiker spielt gerne schlecht. Mit einem hohen Niveau zu altern, das ist nicht so einfach. Denn es wird immer das Gleiche erwartet, egal, in welchem Lebensstadium man sich befindet. Ein Ansporn dabei ist, glaube ich, das Kollektiv, in dem man weiter seinen Platz ausfüllen möchte. Der wertvollste Lohn ist hier auf jeden Fall immaterieller Natur. Das eigene Können und die Ausdrucksfähigkeit immer wieder neu zu hinterfragen und zu entwickeln, geschieht mit dem Ziel einer „Erlösung" in Momenten unfassbaren inneren Glücks.

Sehen Sie Stärken bei der jüngeren Generation, sehen Sie da eine Veränderung? Und haben Sie bei Einstellungen den Link zwischen erfahrenen und jüngeren Musikern, die vielleicht ein bisschen unbedarfter an die Sache herangehen, im Hinterkopf?
Automatisch wird ja, wenn eine Stelle frei wird, ein jüngerer Kollege engagiert. Ich sehe Unterschiede, aber nicht so, dass ich sage: Die Jungen sind motivierter oder offener. Das ist gar nicht unbedingt so. Ich kenne sehr viele erfahrene ältere Musiker, die innerlich so jung geblieben sind, dass ich mir das für jeden Einzelnen wünsche, der neu ins Orchester kommt – diese Art von Frische. Also, ich glaube, das, worauf es ankommt, ist keine Frage des Alters. Es geht darum, die Flamme der Musik, des Sendenwollens und des Sinnhaften immer wieder in sich zu entdecken und im Falle des Dirigenten auch bei anderen hervorzurufen und neu zu entfachen. Und das bedarf einer stetigen Neuerfindung.

MECHTILD JULIUS

Die Kunst, unter Stress einen klaren Kopf zu bewahren

Business Coach Mechtild Julius über „Watte im Kopf", warum diese selbst ausgewiesene Fachleute plötzlich ratlos dastehen lässt und was Führungskräfte dagegen tun können.

Seit zwanzig Jahren arbeite ich als Business Coach mit Fach- und Führungskräften auf allen Hierarchieebenen. Immer wieder haben meine Klienten ein ähnliches Anliegen: Eine Unternehmensberaterin ist fachlich äußerst versiert und für Kundenpräsentationen bestens vorbereitet. Doch in der Präsentationssituation hat sie nur noch „Watte im Kopf", verhaspelt sich oft und verliert den roten Faden. Ein erfahrener Geschäftsführer verliert im kritischen Gespräch mit einem Kollegen regelmäßig die Contenance und wird aggressiv. Das findet er selbst unprofessionell und ärgert sich maßlos über sich selbst. Ein erfahrener Servicemitarbeiter fühlt sich wie vor den Kopf geschlagen, wenn der Geschäftsführer interessehalber neben ihm sitzt. Er kann nicht mehr klar denken, geschweige denn zugleich empathisch mit dem Kunden kommunizieren und Fakten in den Datenbanken recherchieren.

Sicherlich haben Sie schon ähnliche Situationen bei sich selbst oder bei anderen erlebt: Beim Musizieren vor Publikum zittern die Hände. In der Examensprüfung ist plötzlich alles weg, was jemand gelernt und vorbereitet hat. Und wenn wir im Gespräch plötzlich persönlich herausgefordert werden, sind wir erst einmal sprachlos.

Was haben diese Situationen gemeinsam, und was passiert dabei im Inneren der Betroffenen? Und vor allem: Was ist notwendig, um auch unter Druck den Zugriff auf die eigenen Ressourcen in Form von Wissen, Können und Erfahrung zu behalten, z. B. im anspruchsvollen Gespräch mit Kunden im Service?

Nach den neuesten Erkenntnissen der Polyvagal-Theorie liegt die Lösung im zentralen Nervensystem, genau gesagt im Vagusnerv, der uns zwei alternative Funktionen bietet: Erstarren mit Blockade des Denkens oder aber ein entspanntes Kommunizieren mit Zugriff auf alle Ressourcen. Die Voraussetzung hierfür ist ein tiefes Gefühl von Sicherheit. Dies möchte ich im Folgenden genauer erläutern.

Die drei Reflexe des zentralen Nervensystems: Flucht, Angriff, Totstellen
Stressbeladene Situationen haben eines gemeinsam: Wir fühlen uns bedroht. Oft werden unbewusste Ängste mobilisiert, die sich als Stressgefühle äußern. Und dann setzt die Denkblockade ein. Warum?

Unser zentrales Nervensystem reagiert wie bei allen Säugetieren mit drei möglichen Reflexen, die unmittelbar aus dem ältesten Teil des Gehirns gesteuert werden: Flucht, Angriff oder Totstellen. Die Reflexe Flucht und Angriff gehen mit einer hohen Aktivierung des Sympathikusnervs einher. Dabei findet eine aktive Reaktion statt, der Mensch läuft weg oder kämpft. Beim Totstellreflex hingegen findet bei besonders plötzlicher oder besonders stark empfundener Bedrohung eine starke Aktivierung im Vagusnerv statt. Der Mensch erstarrt innerlich und äußerlich, er kann nicht mehr aktiv reagieren. Zugleich erfolgt eine Blockade aller anderen Reflexe und der höheren Funktionen des Gehirns. Unser Nervensystem friert sich gleichsam selbst ein, das rationale Denken im Großhirn wird ausgesetzt. Wir fühlen uns paralysiert und haben buchstäblich Watte im Kopf.

MECHTILD JULIUS

Mechtild Julius ist Trainerin und Business Coach für Führungskräfte und Teams – in Präsenzformaten und online aus ihrem Live-Video-Online-Studio. Nach sechs Jahren im Marketing und als Führungskraft betreibt sie seit 1998 ihr eigenes Unternehmen „MJ Beratung & Coaching". Seitdem verfolgt sie ihre persönliche Mission, Menschen und Teams in ihrer Entwicklung zu unterstützen. Zu ihren Kunden gehören Konzerne, aber auch Unternehmensberatungen. Daher weiß sie sehr genau, wo in Unternehmen die neuralgischen Punkte sind – auch in Bezug auf persönliche Barrieren. Mechtild Julius weiß aber auch, wie man diese abbaut und das persönliche Potenzial zur Entfaltung bringt. Ihr eigenes Rezept, um Kraft zu tanken: Sich zu den Höhen der italienischen Dolomiten aufschwingen oder am Klavier in die Tiefen der musikalischen Jazz-Improvisation abtauchen.

Was aber können wir tun, um auch in Stresssituationen im Arbeitsalltag „einen kühlen Kopf zu bewahren" und auf unsere Ressourcen zurückgreifen zu können?

Die Polyvagal-Theorie
Hier liefert die Polyvagal-Theorie nach Stephen Porges eine Erklärung und mögliche Lösungswege. Sie beschäftigt sich schwerpunktmäßig mit dem Vagusnerv.

Aufbauend auf den wissenschaftlichen Erkenntnissen von Stephen Porges wird heute allgemein unterschieden zwischen einem hinteren (dorsalen) und einem vorderen (ventralen) Vagusnerv. Der ventrale Vagusnerv ist anatomisch verbunden mit den Körperregionen des Herzens, des Bauches und des Darms bis hin zu den Geschlechtsorganen. Ist dieser aktiviert, können wir Entspannung, Erholung, Wohlfühlen und Kreativität erfahren und eine lebendige Kommunikation mit anderen Lebewesen gestalten und genießen. Ein aktiver vorderer Vagus ist der Normalfall. Fühlen wir uns aber bedroht, übernimmt der hintere (dorsale) Vagus das Zepter und fährt alle Funktionen herunter. Der Organismus stellt sich tot und erstarrt wie die Maus auf der Wiese, über der der Bussard kreist. Schwindel und andere Symptome können sich einstellen.

Was aber braucht der vordere Vagusnerv, um auch in herausfordernden Situationen aktiv zu bleiben? Er benötigt ein tiefes Gefühl von Sicherheit und Geborgenheit, also das Gegenteil von Angst.

Nur wenn wir uns sicher und geborgen fühlen, bleibt nach der Polyvagal-Theorie die Aktivität des vorderen Vagus erhalten, und wir haben auch in herausfordernden Situationen den Zugriff auf unser fachliches und methodisches Wissen, unseren Erfahrungsschatz und unsere soziale und interaktive Handlungsfähigkeit. Wir bleiben präsent im Augenblick, können entspannt und konzentriert kommunizieren und auch schwierige Situationen im guten Kontakt mit unserem Gesprächspartner fachlich und persönlich optimal lösen. Und dabei fühlen wir uns auch noch wohl.

Inwiefern spielt das Thema Sicherheit im Arbeitsalltag eine Rolle? Betrachten wir im nächsten Schritt die vier relevanten Ebenen.

1. Sicherheit auf der Unternehmensebene: Arbeitsplatz und Veränderungsprozesse

Auf der Ebene des Unternehmens stellt sich zunächst die Frage nach der Sicherheit des Arbeitsplatzes. Kann ich mich darauf verlassen, dass mein Arbeitgeber mich auch mittel- und langfristig beschäftigt? Arbeitgeber bemängeln nicht selten das „falsche Mindset" ihrer Teammitglieder. Es besteht der Anspruch, Mitarbeitende sollten stets das Gesamtunternehmen im Auge haben, sich aktiv und mit hoher intrinsischer Motivation eigenständig weiterbilden, sich technisch auf dem Laufenden halten und dabei auch noch proaktiv innovative Ideen einbringen. Tatsächlich sind Arbeitsplatzunsicherheit und die damit verbundene Existenzangst der größte Feind von Kreativität und Eigeninitiative.

Zudem bedeutet jeder Veränderungsprozess Unsicherheit. Ängste bauen sich auf, die Gerüchteküche brodelt. In dieser Situation sinkt die Produktivität der Mitarbeitenden oft rapide ab. Eine kollektive Paralyse stellt sich ein, denn der dorsale Vagus wird aktiviert und lähmt. Deshalb ist es so wichtig, gerade am Anfang eines Veränderungsprozesses regelmäßig transparent mit allen Betroffenen zu kommunizieren. Warum kommen die Veränderungen? Was wissen wir schon? Was wissen wir noch nicht? Was kommt auf uns alle zu? Denn Transparenz schafft die Grundlage für emotionale Sicherheit. Transparenz eröffnet die Möglichkeit für aktives Handeln. Intransparenz hingegen zwingt ins passive Aushalten einer unangenehmen Situation. Dies aber ist das Terrain des dorsalen Vagus, des Totstellreflexes. Der ventrale, der soziale Vagus hat dann keine Chance mehr.

2. Sicherheit auf der Ebene der Führungskraft: Rückhalt und Vertrauen

Auch die direkte Führungskraft spielt eine bedeutende Rolle. Kann ich als Servicekraft sicher sein, dass meine Führungskraft mir den Rücken freihält, wenn ich Stress mit einem Kunden bekomme? Was passiert, wenn ich einen Fehler mache? Bekomme ich dann Ärger oder lernen wir gemeinsam daraus? Vertrauen schafft Sicherheit. Und Sicherheit ermöglicht ein entspanntes Agieren in kritischen Situationen mit Zugriff auf alle kognitiven und emotionalen Ressourcen.

Die Bedeutung des Vertrauens zwischen direkter Führungskraft und Mitarbeiter kann also nicht stark genug betont werden. Führungskräfte sollten sich immer bewusst sein, dass ihr Verhalten und ihre Kommunikationsweise sehr genau beobachtet werden. Leider erhalten Führungskräfte selten offenes Feedback. Daher sind regelmäßiges Coaching und professionelles individuelles Feedback eine wichtige Unterstützung. Wenn die Führungskraft einmal erkannt hat, welche Muster sie verändern möchte, kann punktgenaues Kommunikationscoaching schnell zu sehr guten Ergebnissen führen.

3 Sicherheit auf der Ebene des Teams: Gemeinschaft und Geborgenheit

In einem gut funktionierenden Team können wir uns wie in einer gesunden Familie zugleich geborgen und anerkannt fühlen und uns individuell weiterentwickeln. Dadurch bleibt der ventrale Vagus aktiviert, auch wenn die Arbeit anstrengend wird.

Allerdings wird eine Gruppe von Menschen nicht automatisch zu einem guten Team. Hier ist systematische Teamentwicklung mit einer professionellen Moderation gefragt sowie eine regelmäßige Retrospektive: Was läuft gut im Team? Was läuft nicht so gut? Was können wir optimieren? Diese Form von offener und vertrauensvoller Kooperation liebt der soziale Vagus. Dann läuft er zur Höchstform auf.

Ich kann dies aus unzähligen Team-Workshops bestätigen. An einem bestimmten Punkt verändert sich die Atmosphäre, und alle beginnen entspannt zu lächeln. Eine neue Wärme im Miteinander wird spürbar, und Lösungen fallen quasi vom Himmel. Der „Team-Spirit" entfaltet sich und dieses Wir-Gefühl ist nachhaltig!

Zu wissen: „Ich bin nicht allein – mein Team fängt mich auf" ist somit ebenfalls ein wesentlicher Faktor, um in herausfordernden Situationen Zugriff auf die eigenen Ressourcen zu behalten.

4 Sicherheit auf der persönlichen Ebene: Gute Selbsteinschätzung und Selbstvertrauen

Doch unter allem liegt zudem die fragile Ebene der Selbstsicherheit: Bin ich gut genug? Kann ich noch mithalten? Was will ich eigentlich? Werde ich gemocht? Was kommt in der Zukunft noch alles auf mich zu? Ist meine Führungskraft mit mir zufrieden?

Was können Sie als Führungskraft tun, um Ihren Teammitgliedern Sicherheit in diesen persönlichsten Fragen zu geben? Zeigen Sie Interesse an der Person und ihren Überlegungen. Führen Sie regelmäßig Feedbackgespräche in beide Richtungen. Denn konstruktives Feedback gibt Sicherheit und stärkt damit den ventralen Vagus unmittelbar. Die Kunst, professionell und konstruktiv Feedback zu geben oder souverän anzunehmen, lässt sich sehr gut trainieren.

Wenn Sie dann noch in strukturierten Erfahrungsaustausch innerhalb des Teams in Form von professioneller Supervision oder kollegialer Intervision investieren, werden Ihre Teammitglieder auch unter Druck mit „warmem Herzen und kühlem Verstand" souverän agieren – und dann auch „stressige" Kunden beruhigen und begeistern. So können diese zu treuen Partnern Ihres Unternehmens werden.

Buchtipp: Stephen W. Porges: Die Polyvagal-Theorie und die Suche nach Sicherheit; G.P. Probst, 4. Auflage, 2021 // Stanley Rosenberg: Der Selbstheilungsnerv: So bringt der Vagus-Nerv Psyche und Körper ins Gleichgewicht, VAK, 2018

„Sicherheit ermöglicht ein entspanntes Agieren in kritischen Situationen mit Zugriff auf alle kognitiven und emotionalen Ressourcen."

Sales & Service

Wenn Agilität in der Natur der Sache liegt

CLAUDIA THONET

Lehrtrainerin und Management Coach Claudia Thonet über Sales- und Serviceteams, die jede ihrer Entscheidungen am Kunden orientieren, drei Stufen zu ihrer Selbstorganisation und die nötige Bereitschaft, sich ständig zu entwickeln.

Mit dem Image von Callcentern steht es nicht zum Besten, selbst wenn wir – nur dieses einzige Mal – die Kundensicht außen vor lassen. Auch für Arbeitnehmer erscheinen Callcenter Jobs häufig nicht sonderlich attraktiv – entsprechend hoch ist die Fluktuation: Mehr als 27 Prozent der Mitarbeiter eines großen Anbieters wechseln durchschnittlich pro Jahr in einen anderen Bereich oder sogar in ein anderes Unternehmen. Neben der vergleichsweise schlechten Bezahlung mangelt es häufig an persönlichen Entwicklungsmöglichkeiten, flexiblen Arbeitszeitmodellen und inner- wie außerbetrieblicher Anerkennung. Demgegenüber stehen allerdings höchste Anforderungen an praktisch „gläserne" Mitarbeiter in puncto Schnelligkeit, Flexibilität und Kommunikationsfähigkeit. Vielerorts ist der „Touchpoint" Servicecenter eher ein Alptraum in der Kundenreise: Oft müssen erst Hürden, wie Navigation oder Auftragsdetails, überwunden werden, bis ein Mehrwert für die investierte Zeit überhaupt erzielt werden kann. Umso wichtiger ist es, genau hier anzupacken und Service und Vortrieb neu zu denken. Denn im Grunde genommen sind Service und Vertrieb geradezu prädestiniert für Agilität.

Vom Call-Sklaven zum Experten für den Kunden
Noch vor nicht allzu langer Zeit hatte der Kundenservice oder Innendienstmitarbeiter zahlreiche Aufgaben parallel zu bearbeiten. Im Mittelstand ist das mitunter heute noch der Fall. Seien es ein Angebot oder eine Rechnung korrekt zu erstellen, während eingehende Anrufe immer wieder für Unterbrechung sorgen. Genau so ging es dem klassischen Innendienst vor der Einführung des Frontoffice (Service Line). Daher wurde in großen Unternehmen eine logische und effektive Neustrukturierung des Kundenservice vorgenommen. Alle Anfragen wurden von dem Moment an von einem Team übernommen, dessen Fokus allein auf der Beantwortung der Telefonate und E-Mail-Anfragen lag. Ziel war es, einfache Kundenanliegen direkt zu beantworten und ausschließlich kompliziertere Anfragen an den sogenannten Backoffice-Bereich weiterzuleiten.

So konnte der Fachbereich ungestört seinen täglichen Aufgaben nachgehen, während der Kunde mit seinen Anliegen immer jemanden erreichte, der weiterhelfen konnte. Bedauerlicherweise wurde das Frontoffice in vielen Unternehmen schlechter bezahlt, aber viel strenger kontrolliert und gemessen als alle anderen Vertriebsbereiche. Das führte zu einem schlechten Ruf und einer hohen Fluktuation, obwohl der Grundgedanke doch gut war. Dank der Digitalisierung werden die einfachen Routinen des Front- und Backoffice mittlerweile weniger gebraucht und Servicecenter haben geeignete Voraussetzungen, um mit ihren kommunikationsstarken und serviceorientierten Mitarbeitern agile Teams zu bilden.

Die zukünftigen Anforderungen an den Kundenservice

Dank der Online-Verwaltungsfunktionen kann der Kunde fast alles selbstständig erledigen, viele Fragen selbst beantworten. Durch die zunehmende Individualisierung der Angebote und die komplexeren Produkte wandeln sich allerdings auch die Anforderungen an den Kundenservice gewaltig. Statt einfacher Routineantworten sind individuelle Lösungen gefragt, anstelle standardisierter Problemlösungsstrategien erwarten Kunden passgenaue Antworten. Diese veränderten Anforderungen sind allein durch standardisierte Vorgehensweisen nicht mehr zu erfüllen. Für die Berater bedeutet das weniger Routine, mehr inhaltliches Arbeiten und Ausschöpfen des eigenen Potenzials. Davon profitieren die Berater. Denn durch die gesteigerte Leistungserwartung erfährt ihre Tätigkeit eine Aufwertung. Die neue Rolle erfordert mehr Wissen und Können, macht aber auch deutlich mehr Spaß. Darüber hinaus bieten sich nun ideale Voraussetzungen für Innovation, Flexibilität und vernetzte Expertise, die nur gemeinsam als Team geleistet werden können. Wenn Mitarbeiter in Teams gefordert und gefördert werden und dabei selbst entscheiden können, was das Beste für ihre Kunden ist, braucht sich der Arbeitgeber weniger Sorgen um Fluktuation und Demotivation zu machen. Denn je anspruchsvoller und selbstorganisierter die Teams für die Kunden arbeiten, desto loyaler und engagierter verhalten sie sich gegenüber dem Unternehmen.

Wie agil können Service und Vertrieb werden?

Der Kunde von heute möchte bequem, direkt, lösungsorientiert und kulant jederzeit auf allen Kommunikationskanälen betreut werden. Agiler Vertrieb bedeutet: Nur flexible, schnelle und innovative Sales- und Servicebereiche werden die wechselfreudigen Kunden halten und auch die jungen „Digital Natives" an Bord bekommen. Normalerweise gehören Servicestandards und zahlengetriebene Branchen nicht zu den Unternehmensbereichen, die wichtige Voraussetzungen für agiles Arbeiten erfüllen. Aber je komplexer und weniger planbar die Aufgaben, desto mehr eignen sich agile Prinzipien und Frameworks. Darum sind neben IT und Produktentwicklung solche Abteilungen wie Personal und Marketing agiler aufgestellt. Servicecenter und Vertriebsbereiche hingegen sind nicht nur zahlengetrieben durch KPIs wie Servicelevel und Verkaufszahlen, sondern (bislang) zudem von Routineaufgaben geprägt.

Service und Vertrieb sind prädestiniert für Agilität!

Doch auch im Service- und Vertriebsbereich gibt es neben den Routineaufgaben unzählige Themen, die komplex und innovativ geartet und somit prädestiniert sind für Agilität: Agiler Vertrieb ist am Puls des Kunden und kennt dessen „Pains and Gains" – dieses Wissen ist wertvoll für das gesamte Unternehmen. Sowohl Multichannel-

CLAUDIA THONET

Claudia Thonet hat ihre Berufung erst nach dem Studium der Biotechnologie gefunden. Weil sie es liebt, Neues zu lernen, befindet sie sich im ständigen Aus- und Weiterbildungsmodus. Deshalb hat sie ihre Leidenschaft zum Beruf gemacht. Seit 2000 ist sie Trainerin und Coach im Service und Vertrieb, seit 2016 mit dem Schwerpunkt agile Arbeitsorganisation und agile Methoden. Seit Anfang 2021 führt sie ihr eigenes Unternehmen Agile Consulting GmbH, das auch Ausbildungen rund um das Thema Agilität anbietet. Agil zu sein bedeutet für Claudia Thonet, sich nicht nur beruflich, sondern auch persönlich in der eigenen Denk- und Handlungslogik zu reflektieren und weiterzuentwickeln. Ihr Bewegungsdrang setzt sich auch in ihrer Freizeit fort: Yoga, Wandern, Wohnmobilreisen, Fernreisen und Techno tanzen. Stillstand eindeutig verboten!

Angebote, als auch die Vernetzung von digitalem Inhalt mit einem einfach gekoppelten, hochwertigen Service bieten enorme Entwicklungspotenziale. Insofern sind Servicecenter und Vertriebsbereiche anderen Firmenbereichen in puncto Innovation und Flexibilität weiter voraus, als ihnen bewusst ist: In der Regel herrschen flache Hierarchien, die Teams arbeiten eng mit den Teamleitern zusammen. Kundenorientierung ist den Mitarbeitern die oberste Prämisse, der Effekt ihres Handelns zeigt sich an der Reaktion des Kunden und des Vertriebscoachs. Schon immer wurden neue Themen direkt am Klienten getestet und adaptiert. Feedback geben und erhalten gehören zum Arbeitsalltag eines Agenten, sowohl im Team als auch gegenüber Kunden. Servicecenter haben auch oft eigene Vertriebscoaches und Trainer, sodass ständig neues Lernen und Trainieren am Arbeitsplatz mit einem Coach oder Kollegen an der Seite zum Alltag gehören. Und nicht zu vergessen: Die Transparenz über Workflows ist „state of the art".

Agiler Vertrieb – die sechs wichtigsten Zutaten zur Steigerung
Welche Aspekte sind nun bei der agilen Transformation zu beachten?

1. Anpassung: Die Service- und Sales-Bereiche sind gefordert, sich ständig anzupassen wie Crossläufer und ihre Bewegungen kontinuierlich an den wechselnden Untergrund zu adaptieren. Marktentwicklungen und veränderte Kundenbedürfnisse werden fortlaufend beobachtet und spiegeln sich in den Produkten und Dienstleistungen wider. Der Vertrieb handelt nach dem Pull-Prinzip und reagiert auf die Impulse des Marktes.

2. Selbstorganisation: In der ersten Stufe arbeitet das Team inhaltlich autonom und kann fachliche Entscheidungen selbstständig treffen. Kann ein Team auch seine Ziele und Prioritäten autonom festlegen, messen und verändern, erreicht es die zweite Stufe der Selbstorganisation. Die dritte und höchste Stufe ist gegeben, wenn das Team auch die betriebswirtschaftliche Verantwortung innehat, also innerhalb eines bestimmten Rahmens selbstständig über das Budget entscheidet. Diese Stufe wird erst möglich, wenn Teams über die nötige betriebswirtschaftliche Kompetenz verfügen und das Unternehmen sie durch entsprechende Modelle am Unternehmenserfolg beteiligt.

3. Kundenzentrierung: Der agile Vertrieb integriert die Kundensicht in jede Entscheidung und Entwicklung. Personifizierte, charakteristische Kunden werden in Form von Personas sowohl in Meetings eingesetzt wie auch zur Ideenfindung genutzt. So wird die Richtung des Vertriebs stets vom Kunden bestimmt.

4. Flexibilität: Vertriebsstrukturen sind so gestaltet, dass die Prozesse veränderbar sind und Teams wendig agieren können. Auch das Mindset von Führung und Mitarbeitern ist flexibel und transformationsfähig. Das Team glaubt an seine Entwicklungsfähigkeit sowie an die jedes einzelnen Kollegen.

5. Reflexionsfähigkeit: Das eigene Verhalten und die Interaktionen untereinander zu reflektieren, ist eine hohe Kunst. Mitarbeiter müssen bereit sein, ihr Denken und Handeln in Frage zu stellen und sich zu entwickeln.

6. Schnelligkeit: Für einen funktionierenden agilen Service und eine minimale „Time to market" müssen strukturelle Hindernisse beseitigt und eine direkte Umsetzung ermöglicht werden. Das sichert die Wettbewerbsfähigkeit. Insofern beinhaltet agile Schnelligkeit immer auch eine gewisse Wendigkeit in der Anpassung an Veränderungen.

Die Lernzone

© Claudia Thonet

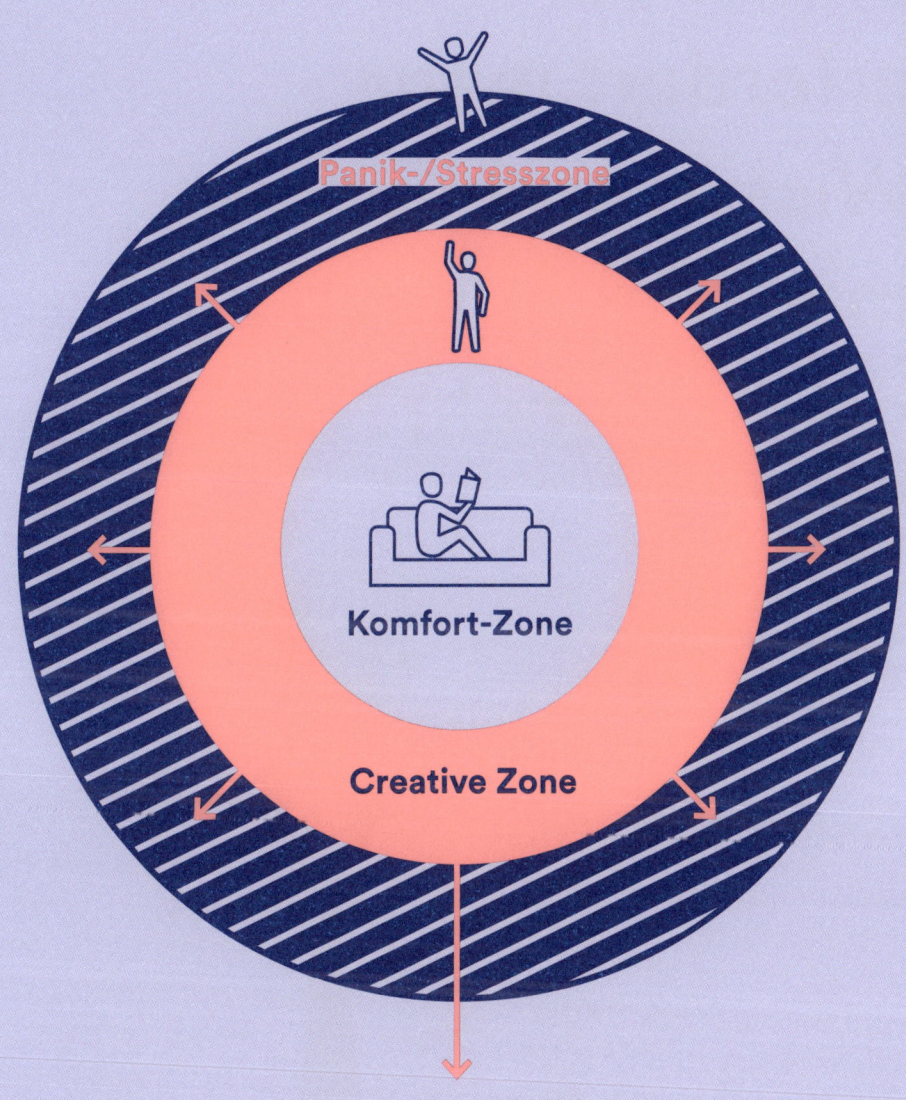

„Die neue Rolle im Kundenservice erfordert mehr Wissen und Können, macht aber auch deutlich mehr Spaß."

CLAUDIA THONET

Wie schaffen wir effektiven Wissenstransfer und ständige Weiterentwicklung?
Aus einer sicheren Warte heraus fällt es vielen von uns leichter, sich auf Neues einzulassen. Dass sich die Teams und jeder Einzelne in diesem Sinne auch wirklich aus ihren gelernten Routinen heraus bewegen, hin zu einer „Stretching Zone des Lernens", ist die Aufgabe interner agiler Vertriebscoaches. Ihr Einsatz gewährleistet am zuverlässigsten, die Teams zu stärken und zu „dehnen", um sie sprichwörtlich beweglich zu halten, neue Handlungsräume entstehen zu lassen und den gemeinsamen Blick offen und kreativ zu weiten. Ziel ist es, die Mitarbeiter bei der Weiterentwicklung ihrer Fertigkeiten bzw. ihres Verhaltens zu unterstützen und die Lernzone zu trainieren – sowohl in Hinblick auf kommunikative wie auch auf fachliche und technologische Themen. Denn eigenes Wissen und Best Practices untereinander regelmäßig auszutauschen, hält alle Kollegen immer auf demselben neuesten Stand.

Diese Coaches werden zu Lernbegleitern, die sich selbst kontinuierlich auf dem neuesten Stand der Technologie halten und Schulungen aller Art direkt am Arbeitsplatz der Kollegen durchführen. Dabei erkennen sie am treffsichersten den Weiterbildungsbedarf ihrer Kollegen und können in Kooperation mit den Trainern passgenaue Blended Learning Konzepte aufsetzen, deren Umsetzung sie wiederum unmittelbar am Arbeitsplatz begleiten. Darüber hinaus fungieren agile Vertriebscoaches immer auf zwei Ebenen. Sie betrachten erforderliche Schritte und vorhandene Ressourcen, um die Beweglichkeit und Anpassungsfähigkeit des Einzelnen zu stärken und seine Beziehungs- oder Vertriebskompetenzen im Service oder Sales zu erweitern. Zugleich beobachten sie die Arbeitsweisen, Strukturen und Kommunikation der gesamten Teams und geben auf dem Weg zur Agilitätssteigerung Hinweise zur Selbstorganisation.

Agiler Vertrieb – sechs Tipps zum Durchstarten
Die folgenden Best Practice-Steps geben einen ersten Einblick in das Startmodell zur agilen Transformation:

1. „Let's Start" beim Grad der Agilität:
Damit der rationale und emotionale Sinn und Mehrwert des agilen Wandels transportiert werden, sollte der Funke in Sales- und Servicebereichen schnell überspringen. Nur das gemeinsame Erarbeiten einer Agility-Vision, der Strategie für die Führungsebene oder eine Customer Journey Map macht wirklich allen Lust auf agileres Arbeiten.

2. „Set-up agiler Vertrieb" – agile Keimzellen bilden: Im ersten Schritt geht es um strukturiertes und diszipliniertes Experimentieren mit einer neuen Art effektiver Zusammenarbeit. Bewerben sich Mitarbeiter aus interdisziplinären Bereichen, die genau daran Spaß haben, fördert das die agile Teamarchitektur einer nötigen „Keimzelle" enorm.

3. Komplexe Aufgabenstellungen: Tools wie Stakeholder Mapping und Persona Interviews liefern die passenden Anforderungs- und Akzeptanzkriterien für die User Stories agiler Teams, die den Kunden in jede Entscheidung und Entwicklung integrieren. Hinsichtlich ihrer komplexen Aufgabenstellungen ist die Einhaltung eines „Agilen Manifests" entscheidend (s. Kasten). Danach sind beispielsweise die Mitarbeiter und ihre Interaktionen – auch mit den Kunden – wichtiger als Vorgaben und Prozesse.

4. Freiräume und Kompetenzen: Selbstbestimmt agieren zu können, braucht Freiräume und Kompetenzen. Dies zu gewährleisten, ist absolute Vorstandsaufgabe. Er gibt Orientierung und gestaltet den Rahmen, in dem Menschen gefordert und gefördert werden, Leistung zu erbringen.

5. Rollen und Teambuilding: Alle Rollen – auch die der Führung – werden stärkenorientiert klar definiert, also nicht mehr von Positionen bestimmt. Agile Methoden und Modelle halten Vision, Sinn, Stärken etc. transparent. Aufgabenbezogen werden drei Rollen vergeben:
- Produkt Owner: In stetigem Austausch mit den Nutzern und ihren Anforderungen beschreibt er die User Stories im Backlog und leitet die Reviews.
- Agiler Coach: Zuständig für die Umsetzung und Einhaltung der Werte und Prinzipien.
- Umsetzungsteam: Setzt die Themen im täglichen Austausch der Bearbeitungsstände selbstorganisiert um und priorisiert das Backlog.

6. Agile Expertise: Idealerweise sichern externe Experten den agilen Change. Mit entsprechendem Mindset leben sie agile Werte und Prinzipien vor, setzen die entsprechenden Frameworks und vermitteln die Methodik der Agilität. Internes Ziel ist, Agilitätsbotschafter als Wissensträger auszubilden (als Coaches und/oder Moderatoren) sowie agiles Denken und Handeln auf Führungsebene zu verankern.

Agiles Manifest
I. Die Mitarbeiter, ihre Interaktionen untereinander und mit den Kunden sind wichtiger als Vorgaben und Prozesse.
II. Kooperation mit Kunden, fallabschließende Bearbeitung und Kundenzufriedenheit sind wichtiger als Vertragsverhandlungen.
III. Anpassungen und Verbesserungen sind wichtiger als das stumpfe Befolgen eines Plans.
IV. Funktionsfähige Produkte sind wichtiger als Dokumentationen.

Buchtipp: Claudia Thonet: Der agile Vertrieb. Transformation in Sales und Service erfolgreich gestalten, Edition Sales Excellence, Springer Gabler, 2020

Praxisbeispiel: T-Mobile US

T-Mobile US Inc. ist eine Tochter der deutschen Telekom und der drittgrößte Mobilfunkanbieter der USA. Wie Dixon (2018) es beschreibt, beschloss das Führungsteam in 2015 einen radikalen Wandel des Callcenter-Betriebes mit einem einfachen Ziel: glückliche Kunden. Im ersten Schritt ging es dem Projektteam darum, alles aufzuspüren und zu beheben, was die Kunden stört. Statt eine digitale Festung zwischen den Kunden und den Servicemitarbeitern zu errichten, wie es viele Anbieter verstärkt tun, wollte das T-Mobile-Serviceteam andere Wege gehen. Im Fokus war ein Service „von Mensch zu Mensch" anstelle von Bots und Irrgärten als Menüwahl. Fragen wie

- Wie können wir unsere Kunden zufriedener machen?
- Was hält sie länger bei uns?
- Wie vertiefen wir die Beziehung zu ihnen?
- Wie vereinfachen wir unseren Service für sie?

leiteten das Team und die Führung des Servicecenters. Je mehr die einfachen Themen wie Adressänderungen, Rechnungsübersichten etc. von den Kunden online selbst erledigt werden, desto komplexer sind die Anfragen der Kunden an den Servicemitarbeiter. Genau hier setzen die Expertenteams an. Ein crossfunktionales Team arbeitet für eine bestimmte Anzahl von Kunden eines spezifischen Marktsegments. Alle Spezialisten aus den erforderlichen Fachbereichen arbeiten an einem runden Tisch gemeinsam für die aus Kundensicht beste Lösung.

Besonderheiten der TEX-Teams
- Die TEX-Teams bestehen aus Technik- und IT-Spezialisten, Servicemitarbeitern, Kundenspezialisten, Lösungsmanagern und Coaches.
- Die Teams arbeiten wie eigenständige Unternehmen für ihre zugeordneten Kunden.
- Die Leistung wird auf Grundlage der Teamfaktoren ermittelt und vergütet.
- Der Kunde erreicht immer jemanden per App, Chat, E-Mail oder Telefon aus dem für ihn insgesamt zuständigen Team.
- Jeder Ansprechpartner im Team ist ein Generalist, der sowohl Rechnungsfragen wie technischen Support leisten kann.
- Der Kunde wird zu über 90 Prozent fallabschließend bei jedem Kontakt betreut.
- Die Teams stellen selbst ihre Gewinn- und Verlustrechnungen auf und entscheiden über die Organisation ihrer Arbeit.
- Die Teams sind ähnlich wie beim Spotify-Modell strukturiert: Jedes Team ist interdisziplinär zusammengesetzt. Acht Mitarbeiter aus den verschiedenen Bereichen (Service, IT) bekommen einen Coach, einen Lösungsmanager und einen Teamleiter zugeordnet. Der Teamleiter und der Lösungsmanager betreuen mehrere Teams.

Das Modell zahlt sich immens aus: In drei Jahren seit der Einführung sind die Kosten des Customer Contact Centers um 13 Prozent gesunken, der Net Promoter Score als Maß der Kundenbindung ist um mehr als 50 Prozent gestiegen, und die Kundenabwanderung befindet sich auf einem Allzeittief. Auch die Mitarbeiter sind glücklicher, was sich unter anderem in sinkenden Fehlzeiten und geringer Fluktuation äußert.

© Thonet, Claudia: Der agile Vertrieb (s. S. 108)

Wissens

Wie Sie Messpunkte richtig setzen, Teams servicefit und Kunden glücklich machen

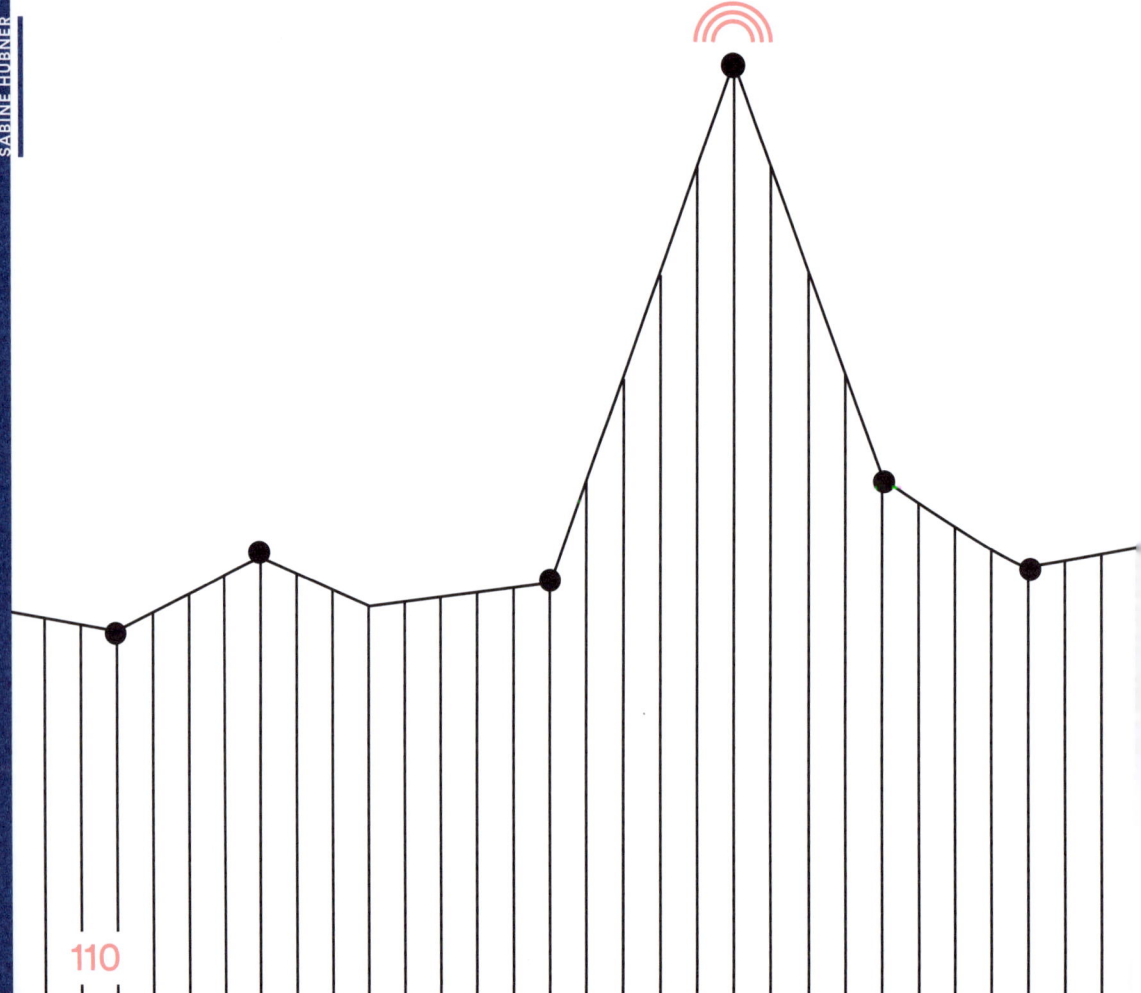

boost
mit KPIs

Können Kennzahlen Kunden verstehen? – Natürlich nicht. Doch Kennzahlen können Servicekompetenz und Servicehaltung sichtbar machen – und das aus Kundenperspektive. Sabine Hübner über kennzahlenfixierten Service und wie Unternehmen ihre Mitarbeiter zu echten Kundschaftern der Kundschaft qualifizieren.

„Ein herzliches Dankeschön, Sie haben unser Problem in Rekordzeit gelöst," schrieb ich dem Ansprechpartner meines IT-Dienstleisters freudestrahlend. Ich war wirklich zufrieden. In der Agentur konnten wir wieder störungsfrei arbeiten, und ich hatte das in die Tat umgesetzt, was meiner Überzeugung nach Service am wirksamsten optimiert: ehrliches Feedback.

Was ich in diesem Moment noch nicht wusste: „Gelöst" war gar nichts. Was mein Ansprechpartner gesagt und getan hatte, erwies sich im Nachhinein als falsch. Ein ernüchterndes Erlebnis. In der Sprache der Key Performance Indicators, kurz KPIs: Average Handling Time Note „sehr gut", Fachkompetenz Note „mangelhaft".

Kennzahlen sind oft trügerisch
Wie sagte Michael Dell so treffend: „Alles, was man messen kann, lässt sich verbessern." Stimmt: Ohne Zahlen und Fakten bleibt unser Management dem „gefühlten Wissen" verhaftet – wir können Probleme nicht abgrenzen, nicht analysieren und folglich auch keine Lösungen finden. Deshalb sind Kennzahlen eine grundsätzlich gute Idee. Nur: Kennzahlen sind nicht gleich Wissen. Kennzahlen sind oft sogar trügerisch.

Denn überall dort, wo Unternehmen eine Messlatte anlegen, verändern sie den Fokus und das Verhalten der vermessenen Menschen. Und das nicht zwingend zum Guten. Ein Beispiel aus dem Sport: Wo das Tempo gemessen wird, optimieren Sportler ihr Training, ihren Stil und ihr Know-how auf Geschwindigkeit. Sie kennen den Effekt aus dem Eisschnelllauf. Sobald aber der Stil einer Disziplin zum erfolgskritischen Messpunkt erhoben wird, optimieren Athleten ihre stilistische Qualität. Siehe Eiskunstlauf.

Das heißt für Unternehmen: Je nachdem, was und wie sie messen, verändern sie den Anspruch an das Wissen und Können ihrer Mitarbeitenden. Diese optimieren daraufhin ihre Leistung, um beste Messergebnisse zu erzielen. Sie optimieren ihre Leistung aber nicht zwingend, um Kunden zu begeistern.

⟶ Deshalb ist es so wichtig, zuerst die Zusammenhänge zu verstehen – qualitativ.
⟶ Und erst dann Service Performance zu messen – quantitativ.
⟶ Und schließlich genau da zu schulen, wo Fachkompetenz, Empathie und Servicehaltung fehlen.

Schauen wir uns diese Schritte im Folgenden näher an.

1. Qualitäten sehen – Zusammenhänge verstehen
Es gibt zwei Sorten von Unternehmen: Die einen haben sich von ganzem Herzen in ihre eigenen Kunden verliebt, die anderen lieben in erster Linie die eigenen Produkte und sich selbst. Wer Kundenliebe leben will, muss zuallererst ein Kundenversteher sein. Und das heißt, er muss nicht nur verstehen, welche offensichtlichen Probleme sein Kunde gelöst haben will, sondern auch, welche versteckten Wünsche und Sorgen ihn umtreiben. Das wird oft übersehen: „Companies tend to sell solutions to external problems, but people buy solutions to internal problems", hat Markenexperte Donald Miller diesen Zusammenhang auf den Punkt gebracht („Building A Story Brand", 2017).

Unsere erste Frage lautet also: Wenn sich ein Kunde auf die Kundenreise begibt – was sucht er dann eigentlich? Will er mehr Datenvolumen, will er Rekordzeitantworten oder will er schlicht und ergreifend, dass die IT seinen Geschäftserfolg boostet, ohne dass

SABINE HÜBNER

Sabine Hübner ist eine der gefragtesten Service-Performance-Beraterinnen bei Top-Playern in Deutschland, Österreich und der Schweiz. Was ihr am Herzen liegt? Begeisterte Kunden. Und die fangen immer beim Mitarbeiter an. Mit ihrer Beratungsagentur forwardservice begleitet sie Unternehmen dabei, den Fokus auf den Kunden zu richten und ein ausgeprägtes Servicedenken nachhaltig in der Unternehmenskultur zu verankern. Die gebürtige Österreicherin hat darüber hinaus Energie für vieles mehr übrig. Sie inspiriert andere als mehrfache Buchautorin, gefragte Vortragsrednerin, kompetente Trainerin und überzeugende Influencerin. Was sie selbst inspiriert: Sport, Reisen, Kunst und kluge Unternehmenspersönlichkeiten.

SABINE HÜBNER

„**Je nachdem, was und wie Sie Kennzahlen messen, verändern Sie den Anspruch an das Wissen und Können Ihrer Mitarbeitenden.**"

er sich groß darum kümmern muss? Wer das Kundenmotiv verstanden hat, findet eher relevante Kennzahlen für Service Performance als derjenige, der nur das eigene Unternehmensziel sieht. Hilfreich sind hier qualitative Methoden: zuhören, mit Kunden reden, Kunden beobachten und so weiter.

Kunden lieben klar vorgezeichnete Customer Journeys, die von der „Liebe auf den ersten Blick" über sympathische Schritte der Annäherung verlaufen und mit Menschmomenten überraschen. Kunden lieben Journeys, bei denen Mitarbeitende bei aller Empathie auch das Fachliche professionell-korrekt abwickeln und nach dem Kauf nochmal nachhorchen, ob das Kundenherz immer noch höherschlägt. Wer die für den Kunden beste Reiseroute durch sein Unternehmen verstanden hat, findet relevantere Kennzahlen als derjenige, der nur das eigene Organigramm sieht. Auch hier sind qualitative Methoden sinnvoll, zum Beispiel Mystery Shopping, Befragungen oder Gesprächsaufzeichnungen mit Zustimmung.

Mit KPIs definieren Sie, wo diese Kundenreise endet. Legen Sie den Fokus auf quantitative Umsatz- und Absatzzahlen, endet die Reise praktisch an der Kasse Ihres Unternehmens. Erfassen Sie nun zusätzlich den Net Promoter Score (NPS), dann führt die von Ihnen gestaltete Customer Journey über Ihre Kasse hinaus bis zu dem Moment, in dem Ihr Kunde Ihr Unternehmen an einen neuen Kunden weiterempfiehlt. Damit wird nachhaltiges Wachstum möglich. Trotzdem ist auch diese Kennzahl trügerisch.

Ein Beispiel: Betreiber eines Online-Shops erheben den NPS ausschließlich an der Kasse. Ergebnis: Ein fabelhafter Score! Nur bleibt so der Kunde unsichtbar, der beim Zahlpartner scheitert, der in der Callcenter-Warteschleife hängenbleibt oder dessen Reklamation vergessen wird. Vor allem bleiben die Ursachen des Kundenproblems im Dunkeln, die sich wiederum mit qualitativen Methoden sichtbar machen lassen: schlechte Schnittstellen, fehlende Prozesse, gleichgültige oder inkompetente Mitarbeitende. Das heißt: Wer verstanden hat, dass die Customer Journey nicht vom Kundensofa zur Online-Kasse verläuft, sondern vielmehr zirkulär, von Kunde zu Kunde und von Kauf zu Kauf, der setzt auch bessere KPIs. Und der versteht viel tiefgreifender, wie es um die Service Performance der eigenen Mitarbeiter steht.

Womit wir bei einem sensiblen Punkt wären: Servicekompetenz. Wie wir oben gesehen haben, kann die Messung der Average Handling Time dazu verleiten, Servicefälle in

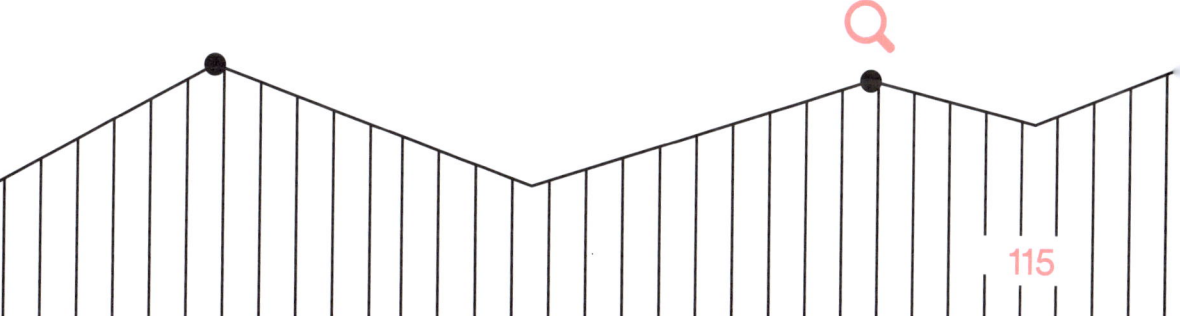

Rekordzeit abzuarbeiten. Dafür aber mangelhaft. Mit welchen Instrumenten kommen wir hier trotzdem weiter? Ich bin überzeugt davon, dass wir an dieser Stelle die Ebene wechseln müssen. Ausschlaggebend für begeisterndem Service ist nämlich nicht nur die Handlungsebene, sondern auch die Ebene der Haltung. Hier sehe ich folgende Faktoren:

⟶ Empathie: Es macht einen Unterschied, ob eine Bankberaterin leidenschaftlich ihren Fonds anpreist oder ob sie spürt, dass ich gerade etwas ganz anderes brauche als eine Geldanlage. Natürlich ist das Wissen meiner Beraterin fantastisch. Was in diesem Moment aber zählt, ist ihre Sozialkompetenz.

⟶ Servicehaltung: Dass sie im Zweifelsfall das Wohl ihrer Kundin wichtiger nimmt als ihre kurzfristige Erfolgsbilanz, hat ebenfalls wenig mit Bankwissen zu tun, dafür sehr viel mit Persönlichkeitskompetenz und sinnvoller Erfüllung von Kennzahlen.

⟶ Dazu kommt der Faktor Wissen: Fachkompetenz sollten wir eigentlich voraussetzen können. Gleichwohl beweisen Studien, dass Mitarbeiter 30 Prozent ihrer Kompetenzen innerhalb von vier Jahren durch den schnellen Wandel verlieren. Weder Bildungsinstitutionen noch Unternehmen noch die Mitarbeitenden selbst können sich also mit einem Abschluss entspannt zurücklehnen. Es gilt, in immer kürzeren Zyklen immer wieder neu mit dem Lernen zu beginnen. „Ausgelernt" gibt es nicht mehr.

Die gute Nachricht: Beim Thema Fachkompetenz lässt sich das Wissen der Mitarbeitenden auf der einen Seite und die Anforderungen der Kunden auf der anderen Seite wohl am besten definieren und messen. Hier können Lücken klar sichtbar gemacht und Mitarbeitende bei Bedarf nachgeschult werden. Und was ist mit Empathie und Servicehaltung? Lassen sich diese Faktoren messen? Kurze Antwort: Ja. Nur sind die sehr aufwendig. Zum Glück lässt sich Servicequalität auch mit quantitativen Methoden messen.

2. Service Performance messen – aber richtig

Wenn wir die wichtigsten Zusammenhänge verstanden haben – Kundenwunsch, Kundenreise und Servicekompetenz auf Mitarbeiterseite –, können wir passende Messinstrumente auswählen. Damit wir nicht versehentlich bei Eiskunstläufern das Tempo und bei Schnellläufern die Eleganz pushen, hilft eine kluge Differenzierung der Qualitätstreiber. Vor allem aber hilft – und darauf kommt es mir an dieser Stelle an – eine kombinierte Messung von mehreren Kriterien. Denn erst, wenn Sie Qualität über verschiedene Sichtachsen in den Blick nehmen, wird sie in ihrer Komplexität sichtbar. Und damit auch sinnvoll optimierbar.

⟶ Im Kundenservice – siehe den Fall aus meiner eigenen IT-Agentur – ist die Average Handling Time durchaus ausschlaggebend. Deshalb ist es sinnvoll, diese Zeiten zu messen, auszuwerten und zu optimieren. Doch erst in Kombination mit der Fehlerquote ergibt die Messung Sinn. Klar: Ein Serviceschnellschuss, der nicht ins Schwarze trifft, ist Ressourcenverschwendung auf Kundenseite. Das lässt sich niemand bieten.

→ Bei einer Pannen-Hotline zählt die First Contact Resolution Rate. Wenn die Kunden dann aber ewig auf den Abschleppwagen warten, werden sie trotzdem frustriert sein und keine Neukunden werben. Die First Contact Resolution Rate wird also erst in Kombination mit dem Net Promoter Score ganz am Ende der Leistungskette zu einer aussagekräftigen Kennzahl. Ein Serviceschnellschuss, der nur für das Unternehmen ins Schwarze trifft, ist für den Kunden ebenfalls Ressourcenverschwendung. Und wieder: Das lässt sich auf Dauer niemand bieten.

Kurz: Es ist unabdinglich, mehrere Kriterien aus unterschiedlichen Sichtachsen gleichzeitig zu messen, in Beziehung zueinander zu setzen und quantitative mit qualitativen Methoden zu kombinieren. Mit doppeltem Nutzen: kennzahlenfixierter Fake-Service ist dann kein Thema mehr – und Service Performance wird endlich klar sichtbar und optimierbar.

Wir nennen diese Art der Analyse „sisi: Sophisticated Index for Service Improvement". In unserer langjährigen Beratungspraxis haben sich folgende Sichtachsen als entscheidend herauskristallisiert:

→ Kundenloyalität
→ Beschwerdemanagement
→ Mitarbeiterloyalität
→ Service Fulfillment an der Kundenschnittstelle
→ Interne Service Performance

„Kompetente Mitarbeiter machen messbar glückliche Kunden."

Mit dem sisi-Index decken Unternehmen Ursachen auf: Wo hakt es an der Kundenschnittstelle? Wo holpert die interne Service Performance? Sie decken Wirkungen auf: Wie wirken Maßnahmen auf die Loyalität der Mitarbeiter und Kunden? Nicht zuletzt decken Unternehmen Zusammenhänge zwischen Kennzahlen aller Sichtachsen auf. So finden sie die richtigen Hebel, um die Qualität ihrer Servicekultur wirksam und strukturell zu boosten. Differenzierte Maßnahmen statt Gießkannenprinzip, smarte Führung statt tumbe Zahlenhuberei, echte Verbesserung statt oberflächliche Kosmetik.

3. Service Performance schulen – aber nachhaltig

Wenn wir die richtigen KPIs erheben und miteinander in Beziehung setzen, sehen wir klar, wo Serviceprozesse bereits perfekt laufen und wo Empathie, Servicehaltung und Fachkompetenz stimmen. Wir finden im Idealfall heraus, wer was im Unternehmen (noch) nicht weiß oder kann. Damit sehen wir relevante Entwicklungspfade. Wir können Prozesse optimieren, wir können Mitarbeitende gezielt schulen und immer wieder messen und steuern.

Richtig angewendet, das ist mein Fazit, machen Kennzahlen Spaß. Weil Kennzahlen Erfolge zurückspiegeln. Und weil sie motivieren, immer besser zu werden. Kurz: Wissen macht Spaß!

Doch brennt mir an dieser Stelle noch ein Thema unter den Nägeln: Der Veränderungsdruck ist höher denn je. Spaß an der ständigen Weiterentwicklung finden wir dennoch, wenn wir von dem „Sich-Verändern-Müssen" zu einem „Sich-Verändern-Wollen" und „Sich-Verändern-Können" kommen. Fach- und Methodenkompetenz permanent aktuell zu halten, ist die Voraussetzung für das Können. Das wiederum muss man wollen – von der Führungsspitze bis zum Mitarbeiter im Kundenkontakt. Dieser beherzte Schritt passiert nur, wenn wir gemeinsam KPIs erheben und Erfolgserlebnisse feiern – solche, von denen wir sicher wissen, dass sie auch spürbar beim Kunden ankommen. Das ist eine langfristige Aufgabe. Es geht darum zu verstehen, was Kunden von uns wollen, was sie brauchen, und wie wir sie begeistern können. Damit wir Mitarbeitende in den genau richtigen Kompetenzfeldern weiterentwickeln können. Bildung stärkt Menschen den Rücken. Sie macht sie kompetent und souverän.

Unsere Praxis zeigt: Kompetente Mitarbeiter machen messbar glückliche Kunden, und messbar glückliche Kunden motivieren Mitarbeiter noch mehr. Wieder messbar. Das meine ich mit Serviceboost.

Ich sage: Den Service von morgen machen Profis mit Herz.

Buchtipp: Sabine Hübner: Serviceglück.
Mit Magischen Momenten ins Kundenherz, Campus, 2017

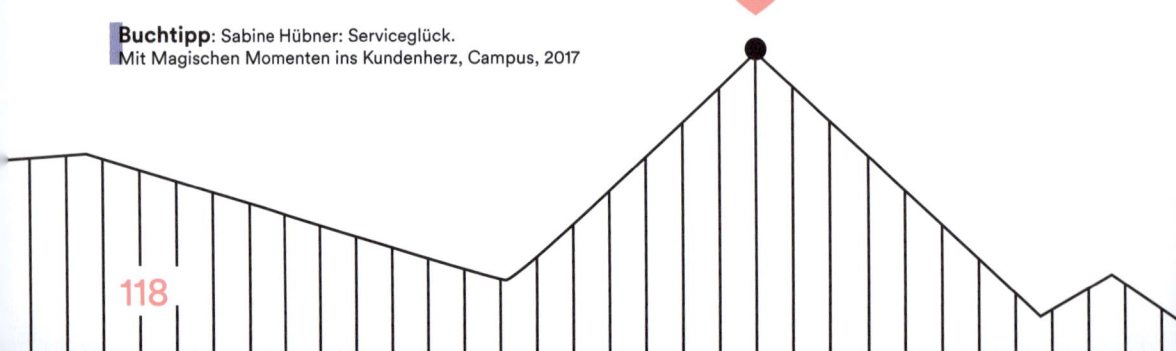

Wissen zum Mitnehmen

1 Optimieren Sie Ihr Business mithilfe von Kennzahlen. Doch bleiben Sie skeptisch: Kennzahlen sind noch kein Wissen, denn KPIs zeigen keine Zusammenhänge.

2 Deshalb ist es erfolgsentscheidend, dass Sie zuerst auf die Qualitäten schauen: Was bewegt Ihre Kunden? Welche Kundenreise begeistert sie? Wie steht es um die Empathiefähigkeit Ihrer Mitarbeiter, ihre Servicehaltung und ihre Fachkompetenz? Diese Hintergründe lassen sich am besten mit qualitativen Methoden erforschen: Selbst in die Kundenrolle schlüpfen, Kunden zuhören und mit ihnen in den Dialog gehen, Kunden beobachten.

3 Sind die wichtigsten Kundenwünsche verstanden, ist die Customer Journey definiert. In Beziehung gesetzt zur Servicekompetenz Ihrer Mitarbeiter, können Sie Ihre qualitative Service Performance nun auch mit quantitativen Methoden sichtbar machen. Am besten kombinieren Sie mehrere Sichtachsen miteinander. So gewinnen Sie ein klares Bild komplexer Zusammenhänge und verhindern kennzahlenfixierten Fake-Service.

4 Mit dem richtigen Kennzahlen-Mix sehen wir, wer was im Unternehmen (noch) nicht weiß oder kann. Damit machen wir relevante Entwicklungspfade sichtbar. Wir können Prozesse optimieren, wir können Mitarbeitende gezielt schulen und weiterentwickeln. Und immer wieder messen und steuern.

5 Weil in unserer Zeit die Veränderungsgeschwindigkeit enorm hoch ist und die technische Komplexität von Produkten und Lösungen steigt, müssen wir heute und in Zukunft verstärkt Fach- und Methodenkompetenzen schulen. Wissen macht den Unterschied.

6 Wer Qualitätstreiber richtig definiert, misst und anwendet, erlebt eine Überraschung: Kennzahlen machen Spaß! Weil Kennzahlen Erfolge zurückspiegeln. Und weil sie motivieren, immer besser zu werden. Kurz: Wissen macht Spaß!

VOLKER BUSCH

DENKEN SIE SCHON,

ODER KONSUMIEREN SIE NOCH?

Warum Informationen allein kein Wissen bedeuten

„Ex-und-hopp" ist für den Wissenschaftler, Mediziner und Speaker Prof. Dr. Volker Busch nicht der richtige Umgang mit Informationen. Zu wertvollem Wissen werden sie erst, wenn wir unsere menschlichen Alleinstellungsmerkmale fördern: die Fähigkeit zu denken, aus Erfahrungen Erkenntnisse zu schöpfen, Dinge in Bezug zu setzen und verschiedene Perspektiven einzunehmen.

Mehr ist nicht immer besser
Nach den ersten Höhlenkritzeleien vor 40.000 Jahren und dem Buchdruck vor knapp 600 Jahren hat das World Wide Web in knapp 30 Jahren die größte, schnellste und bequemste Form menschlicher Informationsverbreitung geschaffen. Man geht davon aus, dass eine einzelne Online-Tageszeitung heute mehr Informationen enthält als ein Mensch im 17. Jahrhundert in seinem ganzen Leben hatte.

Die anfängliche Begeisterung, solche Datenmengen gewinnbringend nutzen zu können, weicht aber mittlerweile der Erkenntnis, dass ein Mehr nicht immer ein Besser ist. Aus der neurowissenschaftlichen Forschung wissen wir seit Jahren, dass unser Vorderhirn durch zu viele Informationen rasch überfordert ist. Vielmehr gehören komplexitätsreduzierende Maßnahmen, wie Selektion, Filterung und Löschung, zu den wichtigsten Werkzeugen unseres Gehirns, um auf sehr engem Raum hocheffizient arbeiten zu können.

Sie sind auch der Hauptgrund, warum wir große Datenmengen nicht vollständig erfassen und überblicken können, wie es Künstliche Intelligenz heute zunehmend besser vermag. Der unbestreitbare Vorteil der KI ist die Fähigkeit, im Rahmen von Mustererkennungsprozessen Zusammenhänge aufzustöbern. Algorithmen können das jetzt schon zum Teil besser als der (einzelne) Mensch, sei es bei der Interpretation von Röntgenbildern oder Wetterkonstellationen.

Denken ist Trumpf
„Sapere aude!" — „Habe Mut, dich deines Verstandes zu bedienen!" (Horaz, römischer Dichter, ca. 65–8 v. Chr.)

Maschinen finden Korrelationen, denken aber nicht im eigentlichen Sinne. Genau das ist unsere Stärke. Wir schlussfolgern über binäre Zeichen hinaus, indem wir Dinge miteinander assoziieren und in Bezug setzen. Die Fähigkeit, in Kontexten zu denken, erlaubt uns Sinnhaftigkeit in Daten zu erkennen. Deswegen können wir auf einer Internetseite windschiefe Buchstaben oder auf Auswahlbildern Ampeln erkennen, an denen Algorithmen bis heute kläglich scheitern. Wir können Zusammenhänge erkennen und andere hinterfragen. Erst durch unser Denken bekommen Informationen ihre Bedeutung. Das hebt uns über jede Maschine und ist ein Alleinstellungsmerkmal unserer Spezies.

Diese Kompetenz erfordert jedoch – neben Fachwissen und Erfahrungen auf einem Gebiet – vor allem die Bereitschaft, über Informationen nachzudenken und diese nicht nur zu konsumieren. Leider fehlt heute die Zeit (oder die Motivation?), Gelesenes und Gehörtes zu ergründen und zu hinterfragen. Wo alles schnell gehen muss, ist selten Platz um sauber zu denken. Kritisches Vertiefen ist nicht mehr in Mode, das Ungefähre reicht. Durch diese Form der geistigen Bequemlichkeit kommen wir etwas aus der Übung: Untersuchungen haben belegt, wie unbeliebt das Denken wird, wenn wir uns erst einmal an das Recherchieren von Informationen gewöhnt haben. Probanden einer Studie, die Lösungen für Probleme mithilfe von Google finden sollten, strengten sich im weiteren Verlauf immer weniger an, selbst einfache Fragen durch kurzes Nachdenken zu beantworten, sondern nutzten lieber die Suchmaschine, obwohl ihre Antworten dadurch schlechter ausfielen.

Das Ziel des Menschen in der digitalen Welt sollte es nicht sein, Informationen schneller oder effizienter zu verarbeiten. Den Vorsprung zu den Maschinen werden wir nicht mehr einholen. Die Herausforderung liegt vielmehr darin, sich menschliche Alleinstellungsmerkmale zu bewahren, sie zu lehren und zu fördern: die Fähigkeit, über Informationen nachzudenken, Dinge in relevante Bezüge zu setzen und bei Bedarf verschiedene Perspektiven zu ergänzen. Neben der Gabe des Denkens verfügen wir als Spezies hierfür über einen ganz besonderen Wissensschatz, der größer ist als jede Datenbank, aber dafür ganz persönlich: unsere Erfahrungen.

Erfahrungen machen Wissen
Die stärkste Quelle unserer Wissensbildung ist ein reichhaltiger Erfahrungsschatz. Aus ihm schöpfen wir tiefe Einsichten in Sachverhalte und die Fähigkeit, Probleme zu lösen, ohne dass wir viel darüber im Netz lesen müssen. Er erlaubt uns sogar hin und wieder, Literatur und Internetweisheiten zu widersprechen. Erfahrungen machen mündig.

Es ist eine Illusion zu glauben, wir generierten Wissen und Erfahrungen aus dem Konsum von Informationen im Netz. Denn das meiste nehmen wir entweder kaum wahr oder löschen es relativ bald wieder. Mehr noch: Das Wissen um die ständige Verfügbarkeit der Informationen reduziert sogar unsere Bemühungen, uns Dinge zu merken. Dieses Prinzip ist als „Cognitive Offloading" bekannt und in mehreren Studien nachgewiesen worden. Der bequeme Griff zum Smartphone macht gedächtnisfaul. Unsere Gesellschaft verwechselt Informationen mit Wissen. Dabei ist der Unterschied immens: Stellen Sie sich vor, Sie würden Ölfarben in einem Geschäft kaufen, um ein Bild zu malen. Dann macht Sie Ihr Einkauf allein noch nicht zu einem Maler. Das eigentliche Bild müssen Sie aus den Farben erst auf einer Leinwand komponieren. Ähnlich verhält es sich auch mit Informationen und Wissen: Informationen sind zweifelsohne wichtige Bestandteile für den Prozess der Wissensbildung. Aber Wissen ist das, was aus ihnen entsteht, wenn wir uns mit ihnen beschäftigen. Wissen vollzieht sich als aktiver und gestaltender Prozess tief in uns selbst.

Wissen aus Erfahrungen kann in uns sogar ein ganz besonderes Signalfeuer entzünden, das Menschen in komplexen Entscheidungssituationen zur Seite steht: Die Intuition. Versierte Fußballspieler „ahnen" den richtigen Spielzug, langjährig tätige Zollbeamte „riechen" Schmuggler bei der Passkontrolle an der Grenze, und chirurgische Experten „fühlen" bei einer Operation das richtige Handling. Oftmals meldet sich eine solche Intuition nur leise, und wir überhören jene feinen Stimmen aus der Tiefe unseres Körpers beziehungsweise Gehirns in der täglichen Reizflut um uns herum. Denn zu viele Informationen können diesen Prozess empfindlich stören.

„Ein Reichtum an Informationen erzeugt eine Armut an Aufmerksamkeit."
Herbert Simon, amerikanischer Sozialwissenschaftler, 1916–2001

Intuition ist keine kosmische Eingebung oder esoterische Grenzerfahrung, sondern die (unbewusste) Nutzbarmachung realer Erfahrungen. Die Entwicklung dieses persönlichen Wissensschatzes ist davon abhängig, wie neugierig und aufmerksam wir unsere Welt wahrnehmen, wie sorgfältig wir die gewonnenen Eindrücke speichern und uns an sie im richtigen Moment durch intuitives Spüren erinnern.

Um die Kraft der Erfahrung zu nutzen, ist es sinnvoll, die Ereignisse und Entscheidungen am Ende des Tages Revue passieren zu lassen: Was war meine Erwartung? Und wie ist es tatsächlich gekommen? Intuitionen werden auf diese Weise mit der Realität abgeglichen. Sowohl im Spitzensport als auch beim Pokern, beim Schach und selbst in der Politik nutzen erfolgreiche Menschen immer wieder regelmäßig solche Reflexionen, um aus eigenen Fehlern zu lernen, die Intuition schrittweise zu verbessern.

Der normale Arbeitsalltag mit seinen zahlreichen Aufgaben und Verpflichtungen gibt leider heute meist nur noch wenig Raum für gedankliche Momente am Abend. Nachdenken ist Luxuszeit und erscheint den meisten wenig effizient. Dadurch bleiben die alltäglichen Erfahrungen weniger nachhaltig. Fakt ist jedoch: Wer sich am Ende eines Tages ein paar Minuten Zeit nimmt, um das Erlebte noch einmal auf sich wirken zu lassen, die Dinge zu speichern und zu re-evaluieren, kann sein Wissen auf diese Weise organisieren und mehren.

„Ein Experte ist eine Person, die alle Fehler auf einem begrenzten Gebiet gemacht hat."
Niels Bohr, deutscher Physiker, 1885–1961

Am besten im Duett
Das Denken hilft also, Informationen zu deuten, sinnvolle Zusammenhänge zu schaffen und sich dabei nicht verwirren zu lassen. Der Einsatz von Intuition auf der Basis zahlreicher Erfahrung hilft in kom-

plexen Situationen, den Überblick zu bewahren und das Richtige zu tun.

Eingedenk dessen stimmt es etwas beunruhigend, dass wir zunehmend bereit zu sein scheinen, viele unserer Denk- und Erfahrungskompetenzen an Apps, Internet und Maschinen abzugeben. Es ist zweifelsohne bequem, KI denken und entscheiden zu lassen, aber es kostet uns die Entwicklung von Autonomie und Expertise. Wer ein Baby nach Zeiten stillt, die ein Algorithmus festlegt, wird weniger ein Gefühl dafür entwickeln, wann es Hunger hat. Und wer die Wetterprognosen ausschließlich aus einer Wetter-App ableitet, wird kaum durch einen Blick an den Himmel ein Gespür für Wolkenformationen entwickeln.

Die effektivste Form des Lernens bleibt der Wechsel zwischen Erfahrungen und dem Reflektieren. Zunächst stellen wir theoretische Vorannahmen auf, die wir anschließend mit Fakten verdichten und dann durch Erfahrungen überprüfen und somit erweitern. Im optimalen Fall reflektieren wir alles und bilden neue und bessere Vorannahmen, die wir wiederum mit Fakten anreichern und durch Erfahrungen ergänzen. Lernen erfolgt in Form dieses sogenannten hermeneutischen Zirkels. Weder Apps noch Internetrecherche können diesen Prozess abkürzen oder ersetzen. Informationen sind ohne jeden Zweifel wichtig und bleiben unverzichtbar. Aber unser Fokus liegt woanders. Erst aus dem Denken und den Erfahrungen entsteht unser eigentliches Wissen.

Ein Blick zum Himmel

In dem Pixar-Film „Wall-E – der Letzte räumt die Erde auf" haben die Menschen in der Zukunft ihren Planeten nicht in den Griff bekommen. Die Erde erstickt an Müll, den Jahrzehnte unentwegten Konsums hinterlassen haben. Die wenigen Überlebenden haben ihre Heimat nach einer Apokalypse 700 Jahre zuvor verlassen müssen. Seitdem kreuzen sie auf einem luxuriösen Weltraumkreuzfahrtschiff im Orbit und blicken von Liegestühlen auf Bildschirme: Übergewichtig, konsumabhängig und völlig sinnentleert ... Sind wir auf dem Weg dorthin?

Künstliche Intelligenz und Maschinen, die sie nutzen, räumen längst nicht mehr nur Regale ein oder sortieren Müll. Sie treffen Entscheidungen, die bislang im alleinigen Hoheitsbereich des Menschen lagen. Wir alle werden täglich Zeuge von Algorithmen, die Waren und Dienstleistungen für uns zusammenstellen, den Straßenverkehr regeln, Aktiendepots an- und verkaufen, oder Bewerber für eine Stelle vorauswählen. Zum ersten Mal in der Geschichte der Menschheit geben wir große Teile der Denk- und Entscheidungsautonomie wieder her, die wir mühsam in den Jahrhunderten zuvor in den Bereichen von Gesellschaftspolitik, Wirtschaft, Psychologie und Ethik errangen. Den Taylorismus, den wir in der Unternehmensführung aktuell als altbacken und unzeitgemäß abwickeln, erschafft Big Data dabei im Handumdrehen neu: Algorithmen geben vor, der Mensch reagiert.

> „Selektion, Filterung und Löschung gehören zu den wichtigsten Werkzeugen unseres Gehirns, um auf sehr engem Raum hocheffizient arbeiten zu können."

Wenn uns Digitalisierung nicht in eine Ära katapultieren soll, in der wir alle wie „Konsum-Potenzial" vorgegebener Algorithmen folgen, müssen wir stärker denn je in Erziehung, Schule und Ausbildung mündige Menschen großziehen: Menschen, die weiterdenken, selbst wenn es anstrengend ist, statt nur zu konsumieren. Menschen, die eigene Erfahrungen machen und Dinge ausprobieren, statt von überängstlichen Eltern und Lehrern gebremst zu werden. Menschen, die auf eine selbst erworbene Expertise vertrauen lernen, statt sich auf Algorithmen zu verlassen, die ihre Gesetze aus Korrelationen ableiten und nicht aus Sinn. Lernen im 21. Jahrhundert wird im Wesentlichen bedeuten, dass wir Menschen uns diese Aspekte zurückerobern.

Dann machen wir aus Informationen, die uns die Technologien der neuen Zeit schenken, auch wertvolles Wissen, das jeden Einzelnen und unsere Gesellschaft als Ganzes weiterbringen kann.

Sorgfältiges Denken und Mut, Erfahrungen zu machen, sind zweifelsohne anstrengend. Aber es lohnt sich. Vielleicht hängt sogar eine bessere Zukunft für uns alle davon ab – nicht im Orbit, sondern auf einer intakten Erde.

Ich möchte daher noch einmal Horaz bemühen, der den oben zitierten Hexameter aus den Büchern der Episteln mit einem Satz einleitete, mit dem ich an dieser Stelle schließen möchte: „Frisch gewagt ist schon halb gewonnen …"

Buchtipp: Prof. Dr. Volker Busch: Kopf frei – Wie Sie Klarheit, Konzentration und Kreativität gewinnen, Droemer, 2021 (Sept.)

Gut zu wissen

1 DENKEN

— Besorgen Sie sich sinnvolle und relevante Informationen. Wählen Sie dabei jedoch sorgfältig aus. Qualität geht immer vor Quantität. Denken Sie daran: Das Vorderhirn ist schnell überfordert.

— Selektieren Sie sorgfältig und investieren Sie die gewonnene Zeit lieber in kritisches Denken:
  - Was bedeuten die Informationen für mich und meine Entscheidung?
  - Stimmen sie überhaupt?
  - Könnte es gegebenenfalls noch eine andere Erklärung als die offensichtliche geben?

PROF. DR. VOLKER BUSCH

Bei Volker Busch dreht sich alles um den Kopf, darum, wie wir unser Gehirn schlau nutzen und gesund halten. Und damit ein zufriedenes Leben führen können. Der Facharzt für Neurologie sowie für Psychiatrie und Psychologie ist wissenschaftlicher Arbeitsgruppenleiter und Lehrbeauftragter an der Klinik für Psychiatrie der Universität Regensburg. Neben seiner Tätigkeit als Neurowissenschaftler arbeitet Busch als Speaker für Unternehmen und Organisationen. In seinen Vorträgen verknüpft er neurowissenschaftliche und psychologische Erkenntnisse mit dem beruflichen und privaten Alltag. Wenn er seinem Gehirn selbst einmal eine Pause gönnen möchte, dann wandert der Vater von zwei Kindern durch die bayerische Berglandschaft, entspannt beim Joggen oder schaltet das Kopfkino bei echten Filmklassikern aus.

SPÜREN

— Entwickeln Sie Intuition, indem Sie Ihre Umwelt aufmerksam wahrnehmen und beobachten.

— Speichern Sie Ihre Eindrücke.

— Erinnern Sie sich vielleicht am Abend sogar kurz an die eine oder andere Situation.

— Lernen Sie viele Situationen kennen. Auf diese Weise bauen Sie sich Ihre eigene Bibliothek.

— Stöbern Sie in Entscheidungssituationen immer wieder in den Regalen Ihres Archivs:
  – Wie fühlt sich die aktuelle Situation gerade an?
  – Was kenne ich aus der Vergangenheit?
  – Was sagt mir das?

— Hinterfragen Sie Ihre Intuition jedoch auch immer wieder, insbesondere bei mangelnder Erfahrung, in neuen Situationen oder bei starker emotionaler Beteiligung.

— Denken Sie dann in Ruhe noch einmal nach und verdichten Sie Ihren Eindruck mit Fakten.
  – Könnte mich mein Bauchgefühl täuschen?
  – Welche Fakten übersehe ich hier vielleicht?
  – Sollte ich mich vielleicht emotional erst einmal beruhigen, bevor ich entscheide?

LERNEN

— Lassen Sie (wichtige) Entscheidungen regelmäßig Revue passieren.

— Verdichten Sie Eindrücke mit Fakten. Lernen Sie so aus Ihren Fehlern.

— Nehmen Sie sich Zeit für Re-Evaluation:
  – Was ist in der Situation XY genau passiert?
  – Wie habe ich entschieden?
  – War es das, was ich erwartet hatte?
  – Was ist stattdessen tatsächlich geschehen?
  – Woran könnte es liegen, dass es anders kam als gedacht?
  – Was merke ich mir, bzw. was lerne ich daraus für das nächste Mal?

HENNING BECK

Wer
ist das

stehen neue Lernen

Wissensvermittlung
für die Welt von morgen

Die Stärke menschlichen Denkens liegt für Neurowissenschaftler Dr. Henning Beck darin, Wissen ad hoc aufzubauen und kreativ in neuem Umfeld zu nutzen. Doch soll unser Wissenserwerb nachhaltig sein, braucht er Reize. „Desirable difficulties" – wünschenswerte Schwierigkeiten – gelten als Schlüssel dafür, dass Denken zum Grundprinzip jeder Lernumgebung wird.

Vor einiger Zeit spielte ich mit meinem 4-jährigen Nachbarn Fußball. Unachtsam wie ich war, verhedderte ich mich im Tornetz. „Warte Henning, ich hole schnell den Spreizer", rief er. Ein Spreizer, so erfuhr ich später, ist ein hydraulisches Bergegerät, um eingeklemmte Personen aus Wrackteilen zu befreien. Drei Dinge gingen mir in diesem Moment durch den Kopf: Erstens, was zum Teufel ist ein Spreizer? Zweitens, wird er mich damit wirklich befreien können? Und drittens, was hat der Kleine nur für Spielsachen? Trainieren ihn seine Eltern permanent mit einer Vielzahl an Rettungsscheren, Hydraulikspreizern und Brandäxten, bis er diese endlich auswendig wiedergeben und mir zeigen kann, was er gelernt hat? Wohl eher nicht. Sein Vater ist zwar bei der Berufsfeuerwehr, doch wir wissen aus Laboruntersuchungen, dass man Kindern nur ein, zwei Mal ein Objekt zeigen muss, damit sie verstehen, wie man es einsetzen kann. Während digitale Algorithmen und selbstlernende Künstliche Intelligenz unter gigantischem Energieeinsatz mit Millionen von Bildern trainiert werden müssen, um zu „lernen", was ein Papageienbild ist, genügen uns Menschen wenige Beispiele. Wären wir perfekte Auswendiglernmaschinen, wären wir genauso leistungsstark wie Künstliche Intelligenz: effizient, nicht abzulenken, fehlerfrei. Leider auch langweilig, unkreativ und dumm. Je schneller sich die Welt wandelt, desto wichtiger wird es hingegen, anpassungsfähig zu denken und Wissen anwenden zu können. Überlassen wir das perfekte Lernen gerne den Maschinen. Sie sind am Ende so leistungsfähig wie ein monokultiviertes Maisfeld: Prima, wenn alles gleich bleibt – schnell kaputt, wenn sich eine Kleinigkeit ändert. Die Stärke menschlichen Denkens liegt woanders, nämlich darin, Wissen ad hoc aufzubauen und kreativ in neuem Umfeld zu nutzen.

Wissensvermittlung muss aktivieren

Wissen ist nicht wie ein Sack Reis, den man von A nach B stellen kann. Sie können Wissen streng genommen auch nicht irgendwo „abspeichern". Wenn Sie ein Gehirn aufschneiden und nachschauen, werden Sie nirgends einen Gedanken, Informationen oder Wissen finden. Denn all diese Dinge entstehen erst durch ein dynamisches Zusammenspiel von Nervenzellen. Ganz ähnlich wie in einem Orchester, in dem Sie auch keine Lieder irgendwo finden können, weil sie erst entstehen, wenn die Leuten miteinander musizieren. Wir sagen es zwar umgangssprachlich, dass wir etwas lernen, um es später wieder „abzurufen". Doch um Wissen erfolgreich aufzubauen, muss man

„Wissen entsteht erst, wenn man sich selbst mit den Dingen beschäftigt."

sich von dieser Vorstellung verabschieden. Sie verleitet zu einem passiven Denken: Als wäre Wissen irgendwo verfügbar und man müsste nur einen Trick anwenden, damit es schnell ins Gehirn gelangt. Das Gegenteil ist der Fall: Wissen entsteht erst, wenn man sich selbst mit den Dingen beschäftigt.

Als Goldstandard für eine erfolgreiche Bildung gilt das Schulsystem von Singapur. Etwas unbemerkt von der westlichen Öffentlichkeit baut Singapur seit einigen Jahren sein Schulkonzept jedoch etwas um: weg von klassischen, verschulten Unterrichtssituationen – hin zu mehr Eigenverantwortung und aktivem Denken. Denn so top ausgebildet die Kinder von der Schule kommen, so eng sind ihre Berufswünsche: Medizin und Jura stehen hoch im Kurs, nur wenige wollen in die Ingenieurswissenschaften, das Handwerk oder Unternehmen gründen, sprich: etwas Unsicheres tun. Je mehr man Wissensvermittlung als Transferprozess begreift, bei dem es um bloße effiziente Informationsweitergabe geht, desto mehr blockiert man innovatives und adaptives Denken. In Singapur baut man nun verstärkt auf Schul-AGs, in denen man ohne Notendruck Theater spielen, Roboter bauen oder Experimente entwickeln kann. Der Vorteil ist ungemein: Man wird zu aktivem Denken erzogen, nicht bloß dazu, Tests erfolgreich zu bestehen. Dies sollte das Grundprinzip jeder Lernumgebung sein. Schließlich geht es darum, sein Wissen anwenden zu können, wenn ein Test schon längst vorbei ist. In zehn, 20 oder 30 Jahren werden wir Fragen beantworten müssen, die wir heute noch gar nicht kennen. Nichts ist deswegen wichtiger, als sich schon jetzt darauf einzustellen und zu lernen, wie man neuartige Probleme löst und Fragen stellt. Nur so verändert man die Welt zum Besseren.

Wissensvermittlung muss ineffizient sein
Lernen darf alles sein: Es soll Spaß machen, abwechslungsreich sein, neugierig machen, vielleicht sogar unterhalten. Aber eines darf es niemals sein: einfach. Denn sobald man Wissen einfach darbietet, werden Menschen faul. Wozu noch selbst denken, wenn man alles googeln kann? Gute Wissensvermittlung ist hingegen ineffizient und umständlich – wie ein Weihnachtsgeschenk.

Sie kennen sicher das Prinzip von Weihnachtsgeschenken: Es gibt jemanden, der wünscht sich etwas, das schreibt diese Person auf einen Wunschzettel. Daraufhin zieht man los, kauft das (oder etwas Vergleichbares), packt es ein, überreicht das Geschenk, nur damit die erste Person alles wieder auspacken kann. Das ist ein ineffizienter Prozess. Ich kenne Unternehmensberater, die würden die Hände überm Kopf zusammenschlagen: Spart euch dieses lästige Papier, macht den Prozess schlank und überreicht das Geschenk unverpackt. Doch ich garantiere: So kommt keine gute Stimmung unter dem Weihnachtsbaum auf. Denn wir lieben das verpackte Geschenk. Es ist das erfolgreichste Prinzip der Welt: Wenn sich Menschen verführerisch anschauen, tun sie das mit einem tiefen und geheimnisvollen Blick (denn niemand datet einen freundlich lachenden Clown). In Serien setzt man gezielt Cliffhänger, in der Werbung arbeitet man mit geheimnisvollen Ankündigungen („Nächsten Oktober kommt das nächste große Ding, seien Sie gespannt"), YouTube-Clickbait-Titel werden nach diesem Prinzip optimiert. Nur in der Bildung muss es immer klar, eindeutig, effizient und optimiert sein. Was für eine irrsinnige Idee, dass man Wissen vermitteln kann wie ein unverpacktes Weihnachtsgeschenk.

Wir verstehen Zusammenhänge, wenn wir unsere Neugier ausleben und uns selbst aktiv mit den Dingen beschäftigen dürfen. Nur so können wir Ursache und Wirkung nachvollziehen und die Dinge begreifen. Wir tun das, indem wir in unserem Gehirn konkret die Möglichkeit simulieren, dass wir selbst in die Rolle eines Verursachers schlüpfen und die Welt manipulieren können. Das bedeutet aber auch: Nur wenn man selbst aktiv über Ursache und Wirkung nachdenkt, kann man Zusammenhänge wirklich verstehen. In jedem Bildungsbereich wird unweigerlich die Frage nach dem Warum auftauchen – oder die nach dem Zweck: Und wofür macht man das jetzt? Wer diese Frage an den Anfang stellt, ist auf dem besten Weg, Wissen clever zu vermitteln.

Für ein Finanzunternehmen hatten wir vor einiger Zeit die Aufgabe, trockene Themen in Schulungen modern aufzubereiten – trockene Themen wie Erbschaftssteuerrecht, Krankenversicherungsrecht, Geldwäschegesetzgebung. Üblicherweise vermittelt man das in einer zweitägigen Schulung mit klassischem Frontalunterricht. Wir dachten uns, drehen wir die Sache um und locken die Leute am ersten Tag mit einer Frage, lassen sie ausprobieren, das Problem verstehen: Ihr seid ein Mafiaboss und wollt Geld waschen,

DR. HENNING BECK

Henning Beck nutzt die Tricks des Gehirns, um cleverer zu denken. Seit 2011 präsentiert der Biochemiker und Neurobiologe seine Forschungsarbeiten publikumsnah auf der Bühne und erklärt dabei anschaulich, wieso uns Ablenkungen und Fehlermachen kreativer denken lassen. Mit derlei Verknüpfungen von Wissenschaft und Unterhaltung wurde er ein Jahr darauf sogar Deutscher Meister im Science Slam. Längst begeistert der Neurowissenschaftler als Autor, Radiokolumnist und vielfach ausgezeichneter Speaker ein breites Publikum ebenso wie als Berater internationale Kunden. Letztere mit dem Versprechen „I brain your company". So lautet auch für Unternehmen eine seiner wichtigsten Lektionen: Das Gehirn ist der Meister aller Netzwerke.

HENNING BECK

„Wären wir perfekte Auswendiglernmaschinen, wären wir genauso leistungsstark wie Künstliche Intelligenz: effizient, nicht abzulenken, fehlerfrei. Leider auch langweilig, unkreativ und dumm."

wie geht ihr vor? Ihr seid Bismarck und seht, wie die Leute krepieren, weil sie keinen Arzt bezahlen können, was tut ihr? Je mehr man die Leute aktiviert, je mehr sie spüren, was das eigentliche Problem ist, desto empfänglicher werden sie für die richtige Lösung. In der aktuellen Lernforschung stellt sich dieser Schritt der „desirable difficulties", der gewünschten Schwierigkeiten, als kritisch für langfristigen Lernerfolg heraus. Man ist am Ende nicht nur genauso gut darin, das neue Wissen in einem Test anzuwenden, wie eine klassisch lernende Gruppe. Man kann sein Wissen auch auf völlig neue Situationen übertragen. Genau diese Fähigkeit ist wichtig, will man Probleme in Zukunft lösen.

Wissensvermittlung ist ein qualitatives Geschäft
Das Geschäftsmodell der erfolgreichsten Unternehmen der Welt ist ein quantitatives: Man misst Kennzahlen und versucht diese zu optimieren. Der Erfolg wird in Likes, Klicks, Shares – oder in Umsatz, Gewinn, Shareholder Value bemessen. Wissensvermittlung ist hingegen ein qualitatives Business. Sie können Wissen schließlich nicht messen, es gibt noch nicht einmal eine Einheit dafür. Alle Versuche, klassische Methoden des Controllings auf das Wissens- und Ideenmanagement zu übertragen, werden deswegen scheitern. Denn Wissensvermittlung können Sie nicht in KPIs optimieren, Wissensvermittlung braucht immer Freiheitsgrade. Gute Lehrkräfte geben Freiräume und helfen anschließend beim Aufbau neuen Wissens.

In der Ausbildung von Navi-Seals gibt es zum Beispiel ein Training, das sich „Hotwashing" nennt. Eine Gruppe an Novizen wird in eine fiktive Kampfsituation gegen eine andere Gruppe geschickt. Was die Neuankömmlinge jedoch nicht wissen: Sie kämpfen gegen eine Gruppe aus erfahrenen Elitesoldaten und werden deswegen vernichtend geschlagen. So weit, so schlecht – doch erst im Anschluss entscheidet sich der Lernerfolg. In einem „After Action Review", einer Manöverkritik, sprechen alle ohne Ansehen von Rang und Namen offen an, woran die Niederlage gelegen hat und wie man sich das nächste Mal besser verhalten würde. Man könnte auch vor dem Manöver zeigen, wie man sich richtig verhält. Doch der Lerneffekt ist weniger als halb so groß. Erst wenn man selbst hinfällt, lernt man wieder aufzustehen. Diese Fähigkeit ist weitaus wichtiger als zu lernen, niemals zu fallen. Eine gute Lernumgebung ist deswegen ein Schutzraum, in dem man gepflegt hinfallen kann und einem wieder aufgeholfen wird.

Wie meinem kleinen Nachbarn. Er hat kurz nach unserem Fußballspiel das Fahrradfahren gelernt. Dabei hat er sich keinen Fünf-Jahres-Biomechanik-Masterplan gemacht. Er hat sich auf sein Rad gesetzt und ist hingefallen. Ich bin Rennradfahrer, ich weiß, wie man dann aussieht. Das ist keine schöne Sache. Doch diese Möglichkeit des Hinfallens darf nicht davon abhalten, überhaupt loszufahren. Ich weiß, dass mein Nachbar mit verschrammten Knien nach Hause kommen wird. Ich weiß aber auch, dass das Rad ihn an die schönsten Orte der Welt bringen kann. Und dann wird er frei sein.

Buchtipp: Dr. Henning Beck: Das neue Lernen heißt Verstehen, Ullstein, 2020

NICOLE LEHNERT

„Wissensaustausch muss unabhängig von Zeit, Ort und Endgerät möglich sein."

Nicole Lehnert, Chefredakteurin der Zeitschrift „wissensmanagement" und Co-Leiterin des Steinbeis-Beratungszentrums Wissensmanagement, zählt zu den renommiertesten Experten rund um wissensorientierte Prozesse. Im Interview spricht sie über die Bedeutung der Ressource Wissen.

Frau Lehnert, was versteht man heutzutage unter Wissensmanagement?
Wissensmanagement ist ein sehr heterogenes Feld. Es spielt bei der Digitalisierung eine entscheidende Rolle ebenso wie bei der Automatisierung von Standardprozessen oder dem Einsatz von Künstlicher Intelligenz. Im Grunde fokussiert Wissensmanagement immer den Umgang mit Daten aus heterogenen internen und externen Quellen. Es orchestriert die Verarbeitung der Ressource Wissen unter Berücksichtigung ihres Lebenszyklus – vom Erwerb über die Speicherung und Verteilung bis hin zur Anwendung. Dabei gilt die Technik als wichtiges Mittel zum Zweck: Dank innovativer IT und intelligenter Vernetzung lassen sich die wachsenden Datenmengen erschließen, intelligent nutzen und unabhängig von Ort oder Zeit verfügbar machen. Der zentrale Faktor aber ist der Mensch, der die Möglichkeiten der IT umsetzt, nutzt, in die Organisation einbettet und auf Basis der dort herrschenden Wissenskultur mit Leben füllt.

In welcher Form liegt Wissen in Unternehmen üblicherweise vor?
Man unterscheidet grob zwischen implizitem und explizitem Wissen. Explizites Wissen meint Daten und Fakten, implizites Know-how sind Erfahrungen. Im Unternehmen existieren beide Formen. Der Unterschied besteht darin, dass das explizite Wissen größtenteils bereits dokumentiert ist, das implizite Wissen aber fast ausschließlich in den Köpfen der Mitarbeiter steckt. Vor dem Hintergrund, dass – schätzungsweise – lediglich 10 bis 30 Prozent des in einer Organisation vorhandenen Wissens explizit ist und der überwiegende Teil des Schlüsselwissens auf das implizite Know-how entfällt, wird offensichtlich, in welchem Dilemma sich viele Unternehmen derzeit befinden. Sie müssen angesichts des demografischen Wandels dafür sorgen, dass personengebundenes Wissen gesichert wird. Nach Berechnungen des Statistischen Bundesamtes sprechen wir über einen Rückgang der potenziell Erwerbstätigen um 30 Prozent – von derzeit 52 Millionen auf 45 Millionen im Jahr 2060. Das sind insgesamt sieben Millionen Wissensträger. Pro Jahr also 350.000 Experten, die ihr jahrzehntelanges Erfahrungswissen mit in den Ruhestand nehmen.

Welche Methoden gibt es, um dieses implizite Wissen zu sichern?
Im Rahmen eines professionellen Wissenssicherungsprozesses lassen sich in wenigen Stunden bis zu 80 Prozent des Erfahrungswissens eines Mitarbeiters sichern und verfügbar machen. Wir vom Steinbeis-Beratungszentrum Wissensmanagement setzen dabei auf strukturierte Interviews und Mindmapping.

Wie hat sich die Art und Weise, wie Unternehmen Wissen strukturieren, in den letzten Jahren verändert?
Das Bewusstsein für die Bedeutung der Ressource Wissen ist generell gestiegen. Das liegt auch an der einprägsamen Erfahrung, wie zeit- und ressourcenintensiv sich die Suche nach relevanten Wissensbausteinen gestalten kann. Studien zufolge verbringen Wissensarbeiter bis zu einem Viertel ihrer Arbeitszeit mit der Suche nach Informationen. Der strukturierte

Umgang mit Wissen hat folglich auch Auswirkungen auf Kosten, Effizienz und Wettbewerbsfähigkeit. In der Regel gibt es deshalb Policies, welches Wissen wo und wie gespeichert werden soll, damit es auch für Mitarbeiter und Kollegen zugreifbar ist. Immer mehr Unternehmen arbeiten projektbasiert, oft in agilen Teams. Das heißt, sie arbeiten autonom auf ein Ziel hin. Ihre Projektfortschritte unterliegen einem regelmäßigen Review-Prozess. Ohne Wissensmanagement ist das gar nicht möglich. Agile Methoden fordern eine kontinuierliche Auseinandersetzung mit der Ressource Wissen und nehmen jeden Einzelnen in die Verantwortung, sein eigenes und das Projektwissen regelmäßig zu prüfen und neu zu strukturieren. Denn Wissen ist nie statisch. Es handelt sich um ein dynamisches Gut, dass sich durch Anwendung und Reflexion permanent weiterentwickelt.

Inwiefern hat sich unser verändertes Kommunikationsverhalten auf das Wissensmanagement und damit auch das Knowledge Sharing ausgewirkt?

Kommunikation erfolgt heute vor allem im direkten Austausch. Hat man früher eine E-Mail verfasst, ist es heute ein Video-Call, in dem sich alle offenen Fragen klären lassen, ohne dass der Arbeitsprozess ins Stocken gerät. Zudem agieren wir quasi den ganzen Tag im virtuellen Raum, in der Regel über Collaboration-Plattformen, die so zu Wissensdrehscheiben werden, in denen die Mitglieder ihr Wissen bereitwillig teilen. Künstliche Intelligenz spielt im Wissensmanagement generell eine immer wichtigere Rolle, insbesondere beim Suchen und Finden. Moderne Suchlösungen kombinieren die klassische Enterprise Search mit Ansätzen unter anderem aus der Künstlichen Intelligenz, der Semantik und des Machine Learnings.

Wie organisiert man optimalerweise, dass jeder Mitarbeiter Zugang zu dem für seine Arbeit relevanten Wissen hat?

Das ist in erster Linie eine strategische Frage. Zunächst müssen die Wissenslücken identifiziert werden, um sie nachhaltig zu schließen. An erster Stelle steht daher eine Bestandsaufnahme in Form einer Reifegradanalyse. Ausgehend vom ermittelten Status quo lassen sich Wissensziele definieren und geeignete Maßnahmen ermitteln, um einen zielgerichteten Kompetenzaufbau zu gewährleisten. Modernen Weiterbildungskonzepten kommt hier eine große Bedeutung zu. Wichtig ist, dass der Wissenserwerb auf die Unternehmensziele hin ausgerichtet ist. Dazu zählt aber auch die Weiterentwicklung jedes Einzelnen. Denn die Entscheidung, ob Wissen relevant oder irrelevant ist, sollte ein Wissensarbeiter heute selbst treffen können.

Welche Bedeutung hat eine Kultur des lebenslangen Lernens für das Wissensmanagement von Unternehmen?

Unternehmen müssen in unserer dynamischen VUCA-Welt agil bleiben. VUCA meint die „volatility" (Volatilität), „uncertainty" (Unsicherheit), „complexity" (Komplexität) und „ambiguity" (Mehrdeutigkeit) unserer modernen Arbeitswelt. Dadurch sind Unternehmen gefordert, sich zur lernenden Organisation zu entwickeln. Lebenslanges Lernen zählt auf diesem Weg als zentraler Baustein. Nur wer Bestehendes regelmäßig hinterfragt und sich kontinuierlich weiterentwickelt, ist in der Lage, flexibel auf sich verändernde Rahmenbedingungen zu reagieren.

Welche technologischen Trends gibt es aktuell, wenn es um das Teilen von Wissen geht?

Der Trend geht zu Collaboration-Plattformen und zum Digital Workplace. Vor dem Hintergrund der Erfahrungen, die

> „Das Jahr 2020 hat eine Trendwende eingeläutet. Weg von starren Strukturen hin zu mehr Flexibilität und Agilität."

wir in der Corona-Pandemie in den vergangenen Monaten sammeln konnten, muss der Wissensaustausch unabhängig von Zeit, Ort und Endgerät möglich sein. Und zwar unterbrechungsfrei und in Echtzeit. Stichwort: Remote Work.

Welche Unternehmen sind hier Vorreiter und was kann man von ihnen lernen?
Vor allem Start-ups waren aufgrund ihrer flachen Hierarchien und oft unkonventionellen Kommunikationswege bisher besonders gut aufgestellt. Doch auch andere haben mittlerweile aufgeholt. Über den Erfolg entscheiden dabei weder die Unternehmensgröße noch das verfügbare Budget. Es ist vielmehr eine Frage der Unternehmenskultur. Ist es gelungen, wissensförderliche Rahmenbedingungen zu schaffen und Aspekte wie Feedbackkultur, Kommunikation auf Augenhöhe und Wertschätzung zum allgemeinen Mindset zu machen, dann sind die Mitarbeiter viel eher bereit, ihr Wissen mit anderen zu teilen.
Der Umgang mit Fehlern spielt bei diesem Prozess eine entscheidende Rolle: Fehler müssen als Lernquelle dienen. Die Kommunikation über Fehler ist kein Bloßstellen oder Anprangern, sondern die einmalige Gelegenheit, Erfahrungen zu teilen und ein Wiederholen des Fehlers zu vermeiden.

Wie werden wir in der Zukunft unser Wissen im Unternehmen teilen?
Das Jahr 2020 hat eine Trendwende eingeläutet. Weg von starren Strukturen hin zu mehr Flexibilität und Agilität. Damit einher geht auch ein Abbau von Wissensbarrieren. Kombiniert mit Tools und Methoden aus dem Werkzeugkasten der Digitalisierung wird vor allem das explizite Know-how künftig immer häufiger automatisiert erfasst. Wissen heißt vor allem „wissen, wo es steht". Und wo Menschen sich in immer neuen Teams zusammenfinden, gehört Wissensaustausch zum Erfolgsrezept.

NICOLE LEHNERT

Als Chefredakteurin der Zeitschrift „wissensmanagement" und Co-Leiterin des Steinbeis-Beratungszentrums Wissensmanagement dreht sich bei Nicole Lehnert alles um das Thema Wissen. Sie zählt zu den renommiertesten deutschen Experten rund um wissensorientierte Prozesse. Professionelle Wissenssicherung umzusetzen und den Reifegrad von Wissensmanagement- und Digitalisierungsprojekten zu ermitteln, zählt zu ihren Spezialgebieten. Ihre Freizeit verbringt sie vorzugsweise mit ihren beiden Töchtern – oder einem guten Buch. Denn Lesen macht bekannterweise klüger. Aber nur, wenn Zeit für Reflektion bleibt. Die dafür nötige Ruhe findet die Hobby-Gärtnerin in der Natur oder beim Kochen.

Customer first

ANNE M. SCHÜLLER

Zwischen Lippenbekenntnis und Glaubwürdigkeit

Digital getriebene, stetig steigende Kundenerwartungen halten die Unternehmen auf Trab. Sie erfordern eine Synchronisation von Wissenstransfer und Zusammenarbeit – über alle Abteilungsgrenzen hinweg. Anne M. Schüller, Expertin für Touchpoint Management und eine kundenfokussierte Unternehmensführung, zeigt, was dabei zu beachten ist.

> **ANNE M. SCHÜLLER**
>
> Anne M. Schüller ist Managementdenkerin, Keynote-Speakerin, mehrfach preisgekrönte Bestsellerautorin und Business Coach. Die Diplom-Betriebswirtin gilt als führende Expertin für Touchpoint Management und eine kundenfokussierte Unternehmensführung. Zu diesen Themen hält sie Impulsvorträge auf Tagungen, Fachkongressen und Online-Events. Darüber hinaus lehrt sie an verschiedenen Hochschulen und Instituten als Gastdozentin bzw. Lehrbeauftragte. Von sich selbst sagt sie, dass sie sich immer auf physischer und mentaler Wanderschaft befinde. Bevor sie sich 2002 selbstständig machte, arbeitete sie in elf Ländern in 14 verschiedenen Branchen. Als passionierte Weltenbummlerin bereiste sie fast 100 Länder. Heute führt Anne M. Schüller ihre physische Wanderschaft hoch in die Berge hinauf.

Der Wert eines Produktes, einer Serviceleistung oder einer neuen Technologie entsteht im Auge des Betrachters – und im Erleben eines ganz persönlichen Nutzens. Deshalb erreichen Unternehmen eine Vorrangstellung vornehmlich darüber, wie Kunden einen Marktplayer wahrnehmen – und was sie Dritten über dessen Performance erzählen. Mit ihren Aktionen, bei denen sie sich zu virtuellen Schwärmen verbinden, können sie über „Sein oder nicht sein" eines Anbieters entscheiden. Und so etwas geht heute ruckzuck.

Ergo: Der Kunde ist der wichtigste Mensch im Unternehmen. Doch klassische Organisationen haben ihn meistens nicht einmal im Organigramm. Und ein Bild sagt, wie bekannt, mehr als tausend beteuernde Worte. Selbst bei Firmen, die sich Kundenorientierung groß auf die Fahne schreiben, fehlen die Kunden fast immer im Schaubild der Organisation. Wie will man da von Customer Centricity reden? Sie wird zwar gelobt, aber nicht gelebt.

Tradierte Firmen hecheln dem, was Interessenten und Konsumenten wünschen und wollen, meist nur hinterher. Viele werden diesen Wettlauf verlieren. Während nämlich herkömmliche Manager vor allem an die Konkurrenz, ihre Quartalsziele und die Kosten denken, hat die Elite der Jungunternehmer längst verstanden, dass sich alles, wirklich alles, um die Gunst der Kunden dreht. Dort wird nicht die eigene Herrlichkeit abgefeiert („Wir sind Marktführer in …"), sondern gezielt nach Kundenproblemen und einer passenden Lösung dafür gesucht. Sämtliche Produkte, Prozesse, Mitarbeiter-Skills und Technologien werden strikt um die Kundenbedürfnisse herum orchestriert. Der Experimentiermodus ist hierbei ständig auf „on". Und damit aus Kundensicht alles passt, werden Lösungen iterativ und im ständigen Austausch mit den Kunden gemeinsam entwickelt.

Die meisten klassischen Unternehmen hingegen agieren selbstbezogen, effizienzgetrieben und im Rahmen starrer Prozesse. Tunlichst sollen sich die Kunden in die von den Anbietern vorgedachten Abläufe fügen, umständliche Formalien akzeptieren, mit ihren begriffsstutzigen Chatbots reden und im Takt ihrer altersschwachen Software ticken.

ANNE M. SCHÜLLER

„Führungskräfte haben die Aufgabe, Rahmenbedingungen zu schaffen, die es den Mitarbeitern ermöglichen, für die Kunden ihr Bestes geben zu können – und dies auch zu wollen."

Heißt: Das Klientel soll ackern, damit man selbst nicht so viel Arbeit hat. Manche Unternehmen sind richtig gut darin, Vorgehensweisen mühsam zu machen, einem die Zeit zu stehlen und schlechte Gefühle zu verbreiten. Doch niemand glaube bitte im Ernst, dass gute Kunden so etwas lange erdulden! Ihre Erwartungshaltung steigt täglich. Und sie haben ein Smartphone, ihr Allmachtsgerät. Wem etwas nicht passt, der ist mit einem „Swipe" weg. Im Web wird man ständig zur Untreue verführt. Und die Menschen lassen sich gerne verführen.

Wirklich kundenorientiert ist nur der, der sämtliche mögliche Ärgernisse vom Kunden fernhält wie ein Blitzableiter, sodass nur noch positive Erlebnisse übrigbleiben. Und das ist mehr als ein kleiner Unterschied. Denn jede schlechte Kauferfahrung, jedes miese Serviceerlebnis, jedes ungelöste Kundenproblem, jede einzelne Unannehmlichkeit ist ein Einfallstor für Disruptoren. Also gilt: Erst der Kunde, dann die interne Effizienz.

Eine kundenzentrierte Organisationsentwicklung ist unabdingbar. Denn Unternehmen werden heute von den Kundenwünschen gesteuert. Was den Kunden nervt oder ihn kaltlässt, fällt von jetzt auf gleich durch. Schonungslos. Nur, wenn es den Kunden gutgeht, geht es auch dem Unternehmen gut. Zahlungsbereite Menschen, Toptalente und auch die Gesellschaft erwarten zudem, dass ein Unternehmen auch hehre Ziele verfolgt, die über Marktführerschaft und Maximalrenditen hinausgehen. Sie wollen zunehmend wissen, wie ein Anbieter mit seinen Mitarbeitern und der Umwelt umgeht und wie er glaubhaft zu einer heileren Welt beitragen will.

Kundennähe in der Chefetage? Ein eher seltenes Phänomen
Im neuen Kundenbeziehungsmanagement geht es vor allem darum, wie sich ein Produkt oder Service sinnvoll in das Leben beziehungsweise die Arbeit einer Person integriert. Doch viele Manager haben sich den Kunden völlig entfremdet und Messpunkte aus ihnen gemacht. Den Datensalat, der auf ihren Dashboards erscheint, halten sie für die ganze Wahrheit. Smarte Konsumenten hingegen ducken sich mithilfe passender Tools ganz gezielt weg. Das Kaufverhalten der Kunden ist bei Weitem nicht so gläsern, wie uns die Software-Industrie vorgaukeln will. So bleibt das meiste, das die Menschen denken, sagen, kaufen und tun, den Cookies und Crawlern verborgen. Kunden sind eben keine Nullen und Einsen. Sie sind auch keine Datenpakete. Und ganz gewiss sind sie kein bürokratischer Vorgang, der sich vorgedachten Steuerungsmechanismen unterwirft.

Fast alle Manager glauben, wenn ich sie frage, sie seien in puncto Kundenorientierung schon richtig gut. Doch die Kluft zwischen Selbst- und Fremdbild ist riesig. Eine weltweite Studie des IT-Dienstleisters Capgemini hat ergeben: Während 80 Prozent der Führungskräfte denken, dass ihre Marke die Bedürfnisse und Wünsche der Kunden gut kennt, bestätigen das gerade einmal 15 Prozent der Verbraucher. Dieses gewaltige Maß an Selbstüberschätzung finden wir im Management oft. Ein verstellter Blick für das, was Kundenorientierung wirklich bedeutet, ist eher die Norm. Insofern wäre es überaus hilfreich, dass alle Führungskräfte eine typische Customer Journey einmal höchstpersönlich durchlaufen, um am eigenen Leib zu erleben, wie es den Kunden ergeht. So hat ein Hersteller von Inkontinenzprodukten seine Manager angewiesen, eine Woche lang rund um die Uhr Erwachsenenwindeln zu tragen – und diese auch zu verwenden.

Kundenzentrierung braucht eine kundenfokussierte Führung
Wer Menschen erreichen will, der muss sie „berühren" – und Emotionen zum Schwingen bringen. So entscheidet nicht das, was ein Serviceprozess vorgibt, über Ja oder Nein. Maßgeblich ist, was der Kunde in den „Momenten der Wahrheit" (Jan Carlzon) an den einzelnen Touchpoints, den Interaktionspunkten zwischen Anbieter und Kunde, tatsächlich erlebt. Eingeengt in eine Zwangsjacke aus Regeln, Standards und Normen ist es den Mitarbeitern aber oft ganz einfach nicht möglich, Probleme ad hoc, unkompliziert und kundenfreundlich zu lösen. Selbst wenn sie es wollten und neben ihrer Fachlichkeit auch die ihnen verfügbaren Tools mit den stets steigenden Anforderungen Schritt gehalten haben. Touchpoints so virtuos zu bespielen, dass Transaktionen für kaufwillige Kunden immer wieder begehrenswert sind und ein engagiertes Weiterempfehlen bewirken, das ist das Ziel.

Herausragende Customer Experiences lassen sich nicht an Service, Sales & Marketing wegdelegieren. Jeder im Unternehmen muss sich um das Kundenwohl kümmern, egal, ob er direkt an der Kundenfront tätig ist oder in der Buchhaltung, in der Produktion oder im Lager. Wenn nur ein einziger Mitarbeiter inkompetent patzt, war für den Kunden „dieser Saftladen" schuld. Jedes Vorkommnis kann das Zünglein an der Waage sein. Somit ist eine den Kundeninteressen dienende bereichsübergreifend synchronisierte Zusammenarbeit auch in puncto Wissenstransfer heute ein Muss. Denn eine typische Customer Journey verläuft immer quer durch die Unternehmenslandschaft über alle Abteilungsgrenzen hinweg.

Grundvoraussetzung dafür sind zeitgemäße Organisationsstrukturen, ein kundennahes Management und ein neuer Führungsstil: die kundenfokussierte Mitarbeiterführung. Dies erfordert:

⟶ sichtbar gelebte Kundenzentrierung in der Chefetage,
⟶ kundenfokussierte Spielräume statt starrer Prozesse,
⟶ die Befähigung zu kundenorientiertem Verhalten aller Mitarbeitenden.

Eine Mitarbeiterführung in diesem Sinne definiert sich so: Führungskräfte haben die Aufgabe, Rahmenbedingungen zu schaffen, die es den Mitarbeitern ermöglichen, für die Kunden ihr Bestes geben zu können – und dies auch zu wollen.

Hier die Schlüsselfragen, die sich ein kundenfokussierter Leader dazu stellen muss:

⟶ Interessiert mich das Kundenwohl wirklich – und wie zeige ich das?
⟶ Sind Kunden in meinen Gesprächen regelmäßig und positiv präsent?
⟶ Wie oft spreche ich über die Bedeutung der Kunden für die Firma?
⟶ Bitte ich die Mitarbeiter regelmäßig um kundenfokussierte Vorschläge?
⟶ Habe ich Kundenkontakt und lebe ich Kundenzentrierung sichtbar vor?

Die eigentlichen Probleme, die Kunden bekommen, passieren meist crossfunktional: Kommunikations- und Abstimmungsprobleme im Gerangel zwischen Zuständigkeiten, Bereichsegoismen und Effizienz. Doch aus Kundensicht müssen Prozesse abteilungsübergreifend funktionieren und sich reibungslos miteinander verzahnen. Wer Prozesse zwar optimiert, aber nicht auf die Kundenbedürfnisse abstimmt, wird immer besser darin, das Falsche zu tun.

Das Company Re-Design: Alles dreht sich um die Kunden
Ein Company Re-Design ist längst unumgänglich, um den Sprung in die Zukunft zu schaffen. Für die „Next Economy", in der sich menschliche und Künstliche Intelligenzen miteinander verbinden, wird eine „Next Organisation" gebraucht. Sie ist nicht nur geprägt von einem hohen Digitalisierungsgrad und einer Kultur des ständigen Wandels, sondern auch von crossfunktionaler Vernetzung und Kundenzentrierung. Hierzu habe ich gemeinsam mit Alex T. Steffen das Orbit-Modell entwickelt. Es propagiert den Übergang von einer aus der Zeit gefallenen pyramidalen zu einer zirkulären, sich ständig weiterentwickelnden dynamischen Organisation. Zu einem Unternehmen, das für die digitale Hochgeschwindigkeitszukunft hervorragend aufgestellt ist – kundenfreundlich, hochrentierlich und zugleich zutiefst human.

Das Orbit-Modell

© von Schüller/Steffen mit seinen Aktionsfeldern

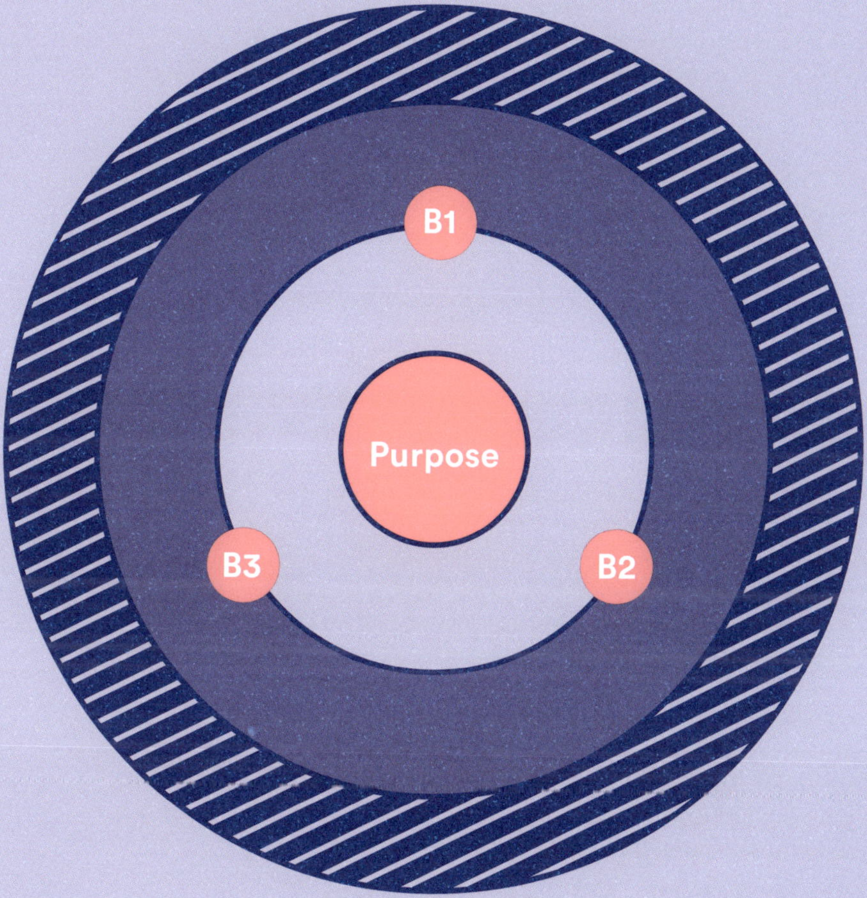

 Kunden

 Mitarbeiter
Partner
Führungskräfte

 Geschäftsführung

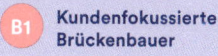 Kundenfokussierte Brückenbauer

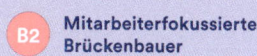 Mitarbeiterfokussierte Brückenbauer

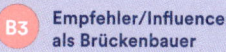 Empfehler/Influencer als Brückenbauer

Die wesentlichen Aspekte sind:

Der Purpose: Im Zentrum der Organisation steht ein kraftvoller Purpose – der Daseinssinn eines Unternehmens. Er ist ökonomisch, ökologisch und sozial von Bedeutung und zugleich attraktiv für die Kunden und alle Mitarbeiter. Wie der Kern einer Frucht sichert dieser Purpose das Überleben am Markt. Er erzeugt qualitatives Wachstum und macht Wettbewerbsvorsprünge sehr wahrscheinlich.

Die Stellung der Kunden: Die vielbeschworene Kundenzentrierung wird in diesem Modell sofort sichtbar. Die Kunden scharen sich um den Purpose, weil dieser für sie anziehend und unterstützenswert ist. Alle Mitarbeitenden – und in der Folge deren automatischer Wissensaustausch – kreisen um die Kunden, auf Augenhöhe und in dynamischer Interaktion.

Die Stellung der Mitarbeiter: Sie stehen nicht länger unten in einer Top-Down-Hierarchie, sondern agieren gleichrangig im Kreis mit den Führungskräften und Partnern des Unternehmens auf das Kundenwohl hin. Operative Entscheidungen treffen die Mitarbeiter dezentral, crossfunktional und zumeist selbstorganisiert. Damit geht untrennbar der Wille zur fachlichen und womöglich auch betriebswirtschaftlichen Weiterbildung einher.

Die Stellung der Führungskräfte: Die Führungskräfte sind nicht von den Kunden separiert. So wird Kundennähe in Orbit-Organisationen nicht nur sichtbar gemacht, sondern auch tatsächlich gelebt. Die Zusammenarbeit mit den Mitarbeitern und Partnern des Unternehmens verläuft gleichberechtigt und Hand in Hand.

Die Bedeutung der Partner: Um ihre Zukunftsfähigkeit sicherzustellen, docken immer mehr Unternehmen an Innovationszentren an, bauen eigene Innovation Labs auf, gründen digitale Einheiten aus und/oder kooperieren mit passenden Start-ups. Solche strategischen Alliierten sind die neuen Innovationshelfer und Wachstumstreiber.

Die Bedeutung der Brückenbauer: Wenn sich in der Außenwelt alles vernetzt, muss das auch drinnen im Unternehmen passieren. Hierzu werden Brückenbauer gebraucht, die interdisziplinäre Verbindungen schaffen und das „Sowohl-als-auch" moderieren. Sie schließen die Kluft zwischen drinnen und draußen sowie zwischen oben und unten. Der Customer Touchpoint Manager ist einer von ihnen.

Ergebnis: Erst das Zusammenspiel dieser Rollen und des dedizierten Zwecks ihrer jeweiligen Stellung ermöglicht Organisationen den gegebenenfalls auch sehr schnellen Wandel zu einem Unternehmen, das sich kundenorientiert und agil auf die Erfordernisse der neuen Zeit einstellen kann. Basierend auf dem Modell eines Orbits, dessen Unternehmens- und Mitarbeiterführung den zentralen Sinn eines Unternehmens darin sieht, Wert für den Kunden zu schaffen. Diesem Verständnis alle anderen Interessen wie Shareholder Value und Co. unterzuordnen, wird zunehmend zur Lebensversicherung von Unternehmen.

Buchtipp: Anne M. Schüller & Alex T. Steffen: Die Orbit Organisation.
In 9 Schritten zum Unternehmensmodell für die digitale Zukunft, Gabal, 2019

Wissen zum Mitnehmen

1 Klassische Organisationen verharren in der Abteilungsdenke. Aufgaben werden entlang von internen Berichtslinien organisiert. Kundenfreundliche Unternehmen strukturieren sich entlang der Kundenaufgaben. Dort funktionieren Prozesse crossfunktional und sind reibungslos miteinander verzahnt.

2 Die Kunden alleine entscheiden, wer überlebt. Wer durchstarten will, muss sich auf ihre Seite stellen. Alles, was nicht dem Kundenwohl dient, wird konsequent abgebaut.

3 Eine Customer Journey verläuft quer durch die Unternehmenslandschaft. Sie verlangt eine dem Kundeninteresse dienende, bereichsübergreifend koordinierte Zusammenarbeit und Wissensaustausch, damit der Ablauf reibungslos funktioniert. Die Mitarbeiter gruppieren sich um Branchen, Kunden, Produkte oder Funktionen.

4 Damit Kundenzentrierung gelingt, braucht es einen abteilungsneutralen Vertreter der Kundeninteressen, den Customer Experience Manager, Customer Centricity Manager oder Customer Touchpoint Manager. Er verknüpft die involvierten Bereiche und Prozessketten entlang der Customer Journey.

5 Kundenfreundliche Unternehmen betrachten ihre Prozesse aus dem Blickwinkel der Kunden, kooperieren mit ihnen und binden sie in Optimierungen ein. Diejenigen, die ihren Kunden mühsame Verfahrensweisen zumuten, verschwinden vom Markt. Jede kundenrelevante Unannehmlichkeit ist ein Einfallstor für Disruptoren.

mac

h

Einfach machen. Wenn nötig auch mal anders. Das ist leicht gesagt, aber manchmal schwer umzusetzen. Vorbilder von erfolgreichen „Machern" können dabei von unschätzbarem Wert sein. Sie haben eine Vision verfolgt, Ideen in großem Maßstab verwirklicht und dabei ein ganz besonderes, dynamisches Lernumfeld geschaffen. Wie sie ihre Vorstellungen in die Praxis umsetzen, welche Technologien sie verwenden, wie sie Lernen und Fortschritt im Unternehmen fördern – darauf gibt es nicht die eine Antwort. Der Erfolg gibt unterschiedlichsten Ansätzen recht.

en

DIE KONTUR DES ELEFANTEN

GERT SCOBEL

Wer mehr weiß, sieht klarer – dieses Ziel treibt Gert Scobel an, wenn er seine Sendungen plant. Er selbst ist ein unermüdlich Lernender und hat einfach Spaß daran, sein Gespür für die Komplexität der Wirklichkeit zu verfeinern, in der Hoffnung, die großen Zusammenhänge besser zu verstehen.

GERT SCOBEL

Er gilt als einer der klügsten Köpfe Deutschlands. Davon kann man sich jeden Donnerstag in seiner Sendung „Scobel" überzeugen, die ein Kritiker als die „Intensivstation unter den Wissenschaftssendungen" bezeichnete. Seit Neuestem macht Scobel, der Philosophie und Theologie studierte, den steinigen Pfad der Erkenntnis auch mit seinem YouTube-Kanal begehbar. 1959 in Aachen geboren, lehrt der zweifache Vater auch als Professor für Philosophie und Interdisziplinarität an der Hochschule Bonn-Sieg, ist Mitglied des PEN-Zentrums Deutschland, spielt Klavier und Trompete und schreibt erfolgreiche Sachbücher. 2021 erscheinen noch zwei, darunter „Complexify your life – Wie wir mit unserer komplexen Wirklichkeit gelassener umgehen können".

Herr Scobel, Sie haben einmal gesagt, es mache Ihnen Spaß, sich in immer neue Themen einzuarbeiten. Haben Sie einen Überblick, wie oft Sie mit Ihrer Sendung „Scobel" dieses Vergnügen auch Ihren Zuschauern ermöglicht haben?
Das waren bislang 322 Themen. Natürlich sind einige darunter, die wir mehrfach behandelt haben. Aber dann jeweils aus anderer Perspektive. Wir haben nie identische Sendungen.

Wie finden Sie Ihre Themen?
Zwei Mal im Jahr habe wir eine große Redaktionssitzung – eine Art Themen-Pitch. Hier bringen alle die Themen ein, die ihnen aufgefallen sind. Danach liegen bis zu 45 Ideen auf dem Tisch. In einer zweiten Sitzung gehen wir die dann durch und wählen, was wir machen. Dabei haben wir einen einigermaßen demokratischen Prozess. Wir machen also auch Themen, die vielleicht nicht meine erste Wahl gewesen wären.

Wie lange ist der Vorlauf, bis eine Sendung steht?
Das sind schon vier bis fünf Monate. Jeder Diskussionsrunde in „Scobel" geht ja eine Dokumentation voran, in der das gewählte Thema vertieft wird. Wir sprechen vorher ausführlich mit möglichen Gästen, um die Schwerpunkte zu erarbeiten. Das ist schon aufwendig. Das war allerdings alles anders während der Pandemie 2020. Da haben wir mehrfach die geplante Sendung verworfen und Sendungen zu aktuellen, coronabezogenen Themen gemacht.

Das Themenspektrum bei „Scobel" reicht von „Selbstbestimmt sterben" über „Systeme auf der Kippe" bis „Ethik fürs Digitale" – gibt es bei all den Unterschieden eine Klammer?
Es sollte ein Thema sein, dem man sich von verschiedenen Disziplinen aus nähern und einen Zugang verschaffen kann.

Sie haben ja nicht nur eine wöchentliche Sendung, Sie schreiben Bücher, haben eine Professur für Philosophie und Interdisziplinarität und neben vielem anderen jetzt auch noch einen eigenen Youtube-Kanal – mit „Videos zu großen Themen des Lebens" und zwar ohne Werbung, also ohne einen finanziellen Vorteil für Sie. Woher kommt Ihre Motivation, sich immer wieder neue Aufgaben zu stellen?
Tatsächlich sind die Youtube-Videos fast so aufwendig wie meine Sendungen. Aber wenn ich dort Alltägliches, Neues und Verblüffendes aus Wissenschaft, Philosophie, Psychologie, Gesellschaft, Ethik oder Kultur behandele, kann ich dort viel persönlicher und auch nerdiger sein in der

Ansprache. Die Themen sind dabei oft auch klassische Gedankenexperimente aus der Philosophie – solche wie „Gehirne im Tank" oder „Wittgensteins Fliegenglas". Es macht mir einfach Spaß, diese Themen zu kommunizieren. Sowohl meine Sendung als auch YouTube mache ich unter anderem auch aus der Motivation heraus, dass andere hinterher vielleicht schlauer sind als vorher. Dass sie ihre eigene Wirklichkeit besser verstehen, mehr wissen und klarer sehen. Das ist mein Ziel.

Wie schafft man es, dass dieser Funke der Erkenntnis auch in der Schule oder im Arbeitsalltag zündet?
Man könnte sehr viel erreichen, indem man etwa die Relevanz aufzeigt, die Wissen jeweils auch für die Alltagsbewältigung haben kann. Indem man etwa im Mathematikunterricht in einer Textaufgabe tatsächlich einmal berechnen lässt, wie die Rente einer Frau aussieht, die mit einem kleinen Einkommen in einem Supermarkt oder in der Pflege arbeitet. Und wie hoch im Vergleich dazu die Rente eines IT-Ingenieurs ist. Zu zeigen, wie man mit Wissen und Lerninhalten ganz konkrete Fragen beantworten kann, motiviert. Was meiner Ansicht nach auch eine große Rolle spielt – und kaum vorkommt in der Ausbildung oder an den Universitäten: ein Gespür für systemische Entwicklungen.

Also für das Große und Ganze? Wie alles mit allem zusammenhängt?
Ja, es geht um die Frage: Wie kommen wir mit einer komplexen Wirklichkeit zurecht. Eine Frage, mit der wir es in unserer Evolutionsgeschichte immer schon zu tun hatten und jetzt umso mehr, als unsere Wirklichkeit noch immer komplexer wird, weil zum Beispiel das Internet und die sozialen Medien dazugekommen sind. Aber genau das zeichnet sich viel zu selten in Bildungsformaten ab.

Woran liegt das?
Viele Leute denken immer noch, das sei zu abstrakt. Zu wenig lebensbezogen. Spätestens Corona hat uns aber gezeigt, dass das ein Irrtum ist. Mit dem Virus haben wir einmal wieder ein Gefühl dafür bekommen, wie Systeme miteinander verkoppelt sind. Die Medizin, die Schichtzugehörigkeit, die Bildung, die Kommunikation. Das Virus hat Auswirkungen auf die Wirtschaft und die wiederum auf die Politik. Und in diesem Gesamtzusammenhang sind wir nicht nur passive Teilnehmer, wir gestalten auch mit. Das gilt genauso für den Klimawandel. Da muss ich mich auch fragen: Fahre ich einen SUV oder nicht? Ich kann diese Art von Problemen nur lösen, wenn ich ein Gespür für komplexe Zusammenhänge entwickele.

Welches Instrumentarium brauche ich für dieses Gespür?
Das muss ich eigens lernen. Wir sind gewohnt, linear zu denken, in einfachen Input-Output- Relationen. Meint: Wenn ich das und das mache, kann ich erwarten, dass das und das dabei herauskommt. Komplexe Systeme funktionieren aber so nicht. Weil diese Systeme nicht linear und in der Regel auch nicht prognostizierbar sind. Ich glaube, dass wir deshalb eine Art Studium Generale brauchen.

Also das Gegenteil von dem, was wir in den letzten Jahren angestrebt haben, in denen die gesamte Bildung auf Spezialwissen umgestellt wurde. Jetzt haben wir Tausende von Studiengängen, aber kein Instrumentarium, mit dem ich ein Gespür für die Komplexität der Wirklichkeit entwickeln kann und lerne, die Lebenszusammenhänge zu sehen.

Wenn einem bei immer mehr Beschäftigung mit immer neuem Wissen aufgeht, wie unmöglich es am Ende ist, auch nur einen Bruchteil zu erfassen, geht das nicht auch mit einer enormen Verunsicherung und Entmutigung einher?
Den Effekt gibt es sicher auch. Aber es gibt auch genau den entgegengesetzten Effekt, dass Leute sehr zufrieden sind, weil sie sehr viel wissen, auch um die Grenzen ihres Wissens wissen und weitermachen, um diese Grenzen auszuweiten. Wie ließe sich sonst Forschung erklären?

Gehört es zum Wissen auch dazu, die Lücken auszuhalten?
Es geht aber nicht darum, mit Unwissen ein möglichst zufriedener Mensch zu werden. Das haben wir gerade mit der Pandemie erfahren. Wir mussten zwar erkennen, dass wir trotz unserer ganzen Technik und trotz unserer ganzen Wissenschaft große Lücken haben. Wir konnten noch nicht einmal überschauen, wie groß diese Lücken sind, weil wir dafür das Gesamtbild kennen müssten. Die Strategie läge aber nun in dem Versuch, unter Zeitdruck, in einer komplexen Problemlage einigermaßen rational zu handeln und uns das Gesamtbild weiter klug zu erarbeiten. Das gehört einfach zum Überleben dazu.

Haben Sie beim Planen Ihrer Sendungen auch die Zuschauer im Kopf, die Sie erst noch gewinnen wollen? Die zwar interessiert sind, aber für die man den Zugang zu Wissen möglichst barrierefrei gestalten müsste?
Das sage ich meinen Gästen vorher immer: dass wir eine sehr gesplittete Zuschauerschaft haben. Auf der einen Seite sind es Akademiker und Multiplikatoren mit einer höheren Bildung, auf der anderen Seite Leute, die gerade diese Bildung nicht haben, aber die Sendung nutzen, um sich schlauer zu machen. Manchmal vergisst man das im Fluss der Sendung. Aber viele haben das tatsächlich im Kopf. Was die Barriere aus meiner Sicht auch senkt: Die Gäste reden – im Unterschied zu anderen Talks – tatsächlich miteinander und untereinander.

Ja, man hat auch den Eindruck, dass gerade die Koryphäen immer noch sehr wissbegierig und neugierig sind, was die anderen beizutragen haben …
Meine Sendung lebt tatsächlich davon, dass die Leute aufeinander eingehen und dabei Erkenntnisse entstehen. Dass sich die Gäste gegenseitig auf Ideen bringen und sich vielleicht in Bereiche führen, die für den anderen neu und spannend sind. Der Zuschauer kann so viel eher folgen, als wenn man nur ein Programm abspult, einen Schlagabtausch von Meinungen präsentiert. Das setzt voraus, dass man bereit ist, auf einen anderen zu hören, auf ihn zuzugehen und auch einmal über den eigenen Gartenzaun zu schauen.

Liegt darin die Ermunterung zum Mitdenken? Dass ich mich auch selbst als neugierig, offen und nicht als jemand präsentiere, der sowieso schon alles weiß?
Es zeigt auch, dass man die jeweiligen Probleme, die im Mittelpunkt der Sendung stehen, von verschiedenen Perspektiven aus angehen muss und dass jede dieser verschiedenen Perspektiven ihre Berechtigung hat. Man könnte auch sagen: Keine hat den gesamten Elefanten im Blick. Der eine analysiert den Rüssel, der andere die Haut und der dritte die Beine. Zusammen entwickelt man ein Gesamtbild. Auch indem man erklärt – „Ich kenne mich mit Rüsseln sehr gut aus, aber bei den Beinen müssen Sie mir noch einmal helfen!" Und im Idealfall, das gelingt natürlich nicht immer, entsteht immerhin so etwas wie ein Gespür für die Konturen des Elefanten und ein Anreiz beim Zuschauer, diese weiter zu denken.

Wie motivieren Sie Ihre Mitarbeiter, diese Konturen des Elefanten immer wieder neu zu denken – also jede Woche eine neue Sendung auf die Beine zu stellen?
Das ist das Ergebnis eines jahrelangen miteinander Arbeitens und Lernens. Das war am Anfang nicht so, aber im Laufe der Jahre bildet sich durch die Art und Weise, wie man mit einem Thema umgeht, eine bestimmte Atmosphäre, eine eigene Kultur. Das war zum Teil auch ein Prozess mit vielen Auseinandersetzungen. Aber inzwischen müssen wir uns wirklich nicht mehr gegenseitig motivieren, weil wir alle wissen: Wenn wir uns da wirklich reinhängen, wird's spannend.

Sie machen Fernsehen und Sie präsentieren immer neue Wissensbereiche, stellen teilweise hochkomplexe Themen zur Diskussion – schweben Sie nicht ständig in Gefahr, Fehler zu machen? Und sind Sie nicht in Versuchung, alles zu kontrollieren, vor allem die Arbeit der Mitarbeiter?
Wir haben ein sehr gutes System entwickelt, zu dem unter anderem auch gehört,

dass wir sehr früh mit möglichen Gästen Gespräche führen, die die inhaltlichen Schwerpunkte manchmal völlig umstoßen. Jeder im Team weiß, dass man Fehler vermeidet, indem man andere fragt. Dann machen wir immer noch Fehler. Aber die Chance, dass wir fette Fehler machen, ist einfach ein bisschen geringer. Das setzt natürlich voraus, dass man sich vertraut und nicht etwa davon ausgeht, dass der andere nur etwas sagt, um seine Machtpositionen zu verbessern. Aber diese Spiele haben wir einfach seit vielen Jahren in unserer Redaktion nicht mehr. Deshalb haben wir auch ein super Arbeitsklima.

Motiviert man als Führungskraft also auch dazu, sich immer wieder dieser Herausforderung zu stellen, indem man klarstellt, dass es um die Themen geht und nicht darum, wer hier der Platzhirsch ist?
Was sicher auch eine Rolle spielt: Wir haben alle im Laufe der Jahre die Erfahrung gemacht, wenn wir uns auf die Themen einlassen, die wir behandeln, verändert uns das selbst. Und diese Veränderung hat uns, glaube ich, zum Beispiel einfach kooperativer gemacht.

Was tut man aber, wenn diese Veränderung verweigert wird? Wenn die Idee des lebenslangen Lernens abgelehnt wird, weil jemand sagt: „Ich habe die und die Ausbildung absolviert, das muss reichen?"

„Ich glaube, dass wir eine Art Studium Generale brauchen. Ein Instrumentarium, mit dem wir ein Gespür für die Komplexität der Wirklichkeit entwickeln können und lernen, die Lebenszusammenhänge zu sehen."

GERT SCOBEL

„OB BEFÄHIGUNG ODER ENGAGEMENT, LETZTLICH IST ES IMMER EINE FRAGE, WIE VIEL ARBEIT UND LEBENSZEIT MAN IN DEN WISSENSERWERB STECKT."

Ich kann das verstehen. Das ist ja auch menschlich. Ich stelle auch selbst fest, dass es bestimmte Sachen gibt, von denen ich weiß – das kann ich nicht. Wenn man mich dennoch in diese Richtung drängen würde, wäre das nicht gut. Eine ganz andere Frage ist aber: Wie viele solcher Menschen mit einer solchen Haltung können wir uns kollektiv leisten? Und da sage ich, das können wir nur bis zu einem gewissen Grad. Also müssen wir flexibler werden, was wiederum voraussetzt, dass wir lernen, mit den Ängsten, inneren Sperren und den Gefühlen umzugehen, die wir dann haben, wenn wir uns auf eine Transformation einlassen müssen. Diese Art von Wissen, die kein nur kognitives Wissen ist, die muss ich, das haben wir ja schon gestreift, eben auch in Schulen und Universitäten und im Elternhaus vermitteln.

Und was tue ich dort, wo die Menschen schon im Arbeitsprozess sind, um dieses Wissen zu vermitteln? Zumal dort ja auch die Herausforderungen durch die Digitalisierung besonders groß sind.
Das Problem ist dort, dass es noch viele zubetonierte Bereiche gibt, die immer noch völlig autoritär und überwiegend männlich strukturiert sind. Die haben per se große Probleme mit Veränderungen. Aber das wird uns um die Ohren fliegen.

Hat sich Ihre Einstellung, wie man Wissen vermittelt, durch jahrelange Erfahrung verändert?
Das verändert sich ständig. Ich entdecke immer wieder neue Möglichkeiten, wie man etwas auch anders, vielleicht besser, klarer, einfacher vermitteln kann, wie man neue Zugänge schafft. Da denken wir auch als Redaktionsteam jedes Mal wieder neu darüber nach. Ich glaube nur, dass ich einfach im Laufe der Jahre besser darin geworden bin.

Was möchten Sie unbedingt noch lernen?
Ich würde mich gerne noch weiter durch die Weltliteratur lesen. Es gibt so viele große Romane, die ich noch nicht gelesen habe. Ich würde gern noch zwei, drei Sprachen lernen. Und ein Instrument perfekt beherrschen können. Ich könnte mir auch vorstellen, nebenher nochmal etwas zu studieren. Ich habe auch Phasen, in denen ich gern mal in einem Labor stehen und forschen würde. Und ich würde gern eine Programmiersprache lernen.

Sie spielen Klavier und haben auch angefangen Trompete zu lernen. Erfährt man dabei auch die Antwort auf die ewige Frage, was mehr zählt: Befähigung oder Engagement?
Es gibt Untersuchungen darüber, was eigentlich den Unterschied macht, ob einer „nur" Musiklehrer wird oder Konzertpianist. Das Ergebnis: Die Konzertpianisten hatten ungefähr doppelt so viel geübt. Letztlich ist es immer einfach eine Frage, wie viel Arbeit und Lebenszeit man in den Wissenserwerb steckt.

Buchtipp: Gert Scobel: Complexify your life. Wie wir mit unserer komplexen Wirklichkeit gelassen umgehen können, Kiepenheuer & Witsch, 2021 (Aug.)

Unternehmen brauchen ein „Netflix des Lernens"

Birgit Bohle, Vorstand Personal und Recht der Deutschen Telekom, über Mitarbeiter als CEO ihrer eigenen Entwicklung, den bewundernswert kindlichen Umgang mit persönlichen Rückschlägen und darüber, wie Ehrgeiz und Anspruch zum Versprechen werden.

BIRGIT BOHLE

> „Ich erwarte von Führungskräften, dass sie sich als Coach verstehen und erkennen, dass die Entwicklung der Mitarbeiter eine Führungsaufgabe ist."

Frau Bohle, unlängst haben Sie der Wirtschaftswoche einmal gesagt: „Nur in wenigen Fällen wissen wir Vorstandsmitglieder irgendwas am besten." Ärgert Sie das?

Nein, gar nicht, denn alles am besten zu wissen, ist nicht die Aufgabe eines Vorstands. Die sehe ich vor allem darin, Visionen zu setzen, Richtung zu geben und strategische Entscheidungen zu treffen. Und ein Umfeld von Vertrauen und Empowerment zu schaffen, in dem Leistung und Engagement gefördert und Fehler akzeptiert werden. Ein wichtiger Beitrag meines Personalressorts dazu ist, genau eine solche Kultur zu fördern, unsere Mitarbeiter zu qualifizieren und natürlich, die richtige Führungsmannschaft auszuwählen.

Unter Ihrer Verantwortung bei der Deutschen Bahn wurde der „DB-Navigator" zu einer der am meisten heruntergeladenen Apps in Deutschland. Brennt Ihr Ehrgeiz, in Sachen Kundenservice der Telekom einen vergleichbar gordischen Knoten zu durchschlagen?

Bei der Telekom ist heute meine Rolle zwar eine andere, der Ehrgeiz aber der gleiche. Unsere Identität, unseren Anspruch haben wir als Vorstand Anfang 2019 in einem Satz für die Telekom zusammengefasst: „Wir geben uns erst zufrieden, wenn alle dabei sind." Im Englischen nennen wir es „Purpose" und sagen: „We won't stop until everyone is connected." Der Netzwerkingenieur zum Beispiel, der nicht aufhört, bis alles tadellos ist, der Servicemitarbeiter, der sich nicht eher zufriedengibt, bis alle Anliegen des Kunden wirklich gelöst sind. Und meine Rolle als Personalvorständin ist es, ganz viel an diesem WIR zu arbeiten, die Leute zu befähigen. Dazu braucht es vor allem Motivation, ein förderliches Umfeld, immer das Ziel vor Augen und den Anspruch: „Ich höre nicht auf." Ein Anspruch, der ja übrigens zugleich ein Versprechen ist. Ich bin zutiefst überzeugt, dass das den Erfolg unseres Unternehmens ausmacht.

Sie sagen: „Voraussetzung für zufriedene Kunden sind immer auch zufriedene und engagierte Mitarbeiter." Wie abhängig ist der Unternehmenserfolg, von dem Sie gerade sprechen, von der Verknüpfung „Zufriedenheit & Engagement"?

Ob im Servicecenter, im Shop oder im Außendienst – wenn unsere Mitarbeiter zufrieden sind und sie die richtigen Fähigkeiten haben, dann übersetzen sie das in Engagement für unsere Kunden. Das Kundengespräch, das auch nach sieben Stunden noch immer freundlich, geduldig, kompetent geführt wird. Der Servicetechniker, der im Haus des Kunden noch einmal weitersucht, um ein Problem zu lösen. Wenn ich mit bei unseren Kunden vor Ort bin, habe ich schon so manch einen Kollegen bewundert und gedacht: „Wir laufen hier im wahrsten Sinne des Wortes den Leitungen nach, um die Fehlerquelle zu finden. Er gibt nicht auf, bevor das Problem gelöst ist." Zu sehen, wie dieses „we won't stop" gelebt wird, macht mich stolz auf unsere Mitarbeiter. Auch bei der Bahn habe ich das erlebt: Verspätet bei der Abfahrt und das Bordrestaurant wurde nicht rechtzeitig beliefert – ein super Zugteam kann selbst solche Züge „drehen". Mit ein bisschen Charme und Witz, viel Empathie und Fingerspitzengefühl.

BIRGIT BOHLE

Bertelsmann, McKinsey, Deutsche Bahn. Dort zuletzt CEO der DB Fernverkehr AG. „Egal wo man arbeitet", für Birgit Bohle, seit 2019 Personalvorstand der Deutschen Telekom, „ist jeder von uns der CEO seiner eigenen Entwicklung". Selbst verantwortlich zu sein, ist für sie eine Frage von Haltung und Wollen. Und prägend seit der Kindheit für ihren Umgang mit Nackenschlag und Fortschritt. So war Kraulen im Schwimmunterricht eine harte Lektion. Mit dem Lernerfolg „nach viel Wasser schlucken", dass „Durchbeißen" sich lohnt. So etwas wie Pause kann sie aber auch. Beim Yoga zum Beispiel, zwei-, dreimal täglich fünf Minuten. Auszeiten quasi im Sinne ihres Mottos: „Geleistetes wertschätzen und neue Ziele setzen".

Der Mitarbeiter als CEO seiner eigenen Entwicklung ist für Sie auch eine Frage der Haltung. Für Sie als Personalchefin – welche Einstellung bringt ein Mitarbeiter idealerweise mit?

Dabei geht es vor allem um den Willen zu lernen. Und ich rate: Lasst uns lernen wie die Kinder. Denn, wie haben unsere Kinder laufen gelernt? Warum eigentlich? Und wie lernen sie so schnell? – Unsere Kinder lernen, weil sie ihre Welt vergrößern wollen. Und was sie dafür mitbringen, sind vor allem Neugier auf die Welt um sie herum, Entdeckungslust, eine unglaubliche Ausdauer und die Disziplin, zu sagen: „Okay, vorhin hat es nicht geklappt, aber ich stehe wieder auf. Und wenn ich nochmal falle, stehe ich wieder auf. Und wieder und wieder." Kinder lernen durchs Tun. Sie haben keine Angst vorm Scheitern, und sie freuen sich unendlich, wenn es endlich gelingt.

Insoweit ist es auch ein Lernen von Kindern – ihrer Art zum Beispiel, mit Widerständen umzugehen. Sich nicht frustrieren zu lassen vom ersten „Es-klappt-nicht", sondern immer die Spannung hochzuhalten auf das, was kommt. In das eigene Lernen zu investieren. Und vor allem neue Herausforderungen und Aufgaben zu suchen. Das ist auch für uns Erwachsene eine Frage von Einstellung und eigener Verantwortung. Das meine ich mit der Haltung, sich als „CEO seiner eigenen Entwicklung" zu sehen.

Diese Bereitschaft, von der Sie sprechen, ist das eine. Die Fähigkeit zu lernen jedoch, hat viel mit Angeboten zu tun, die Mitarbeitern dabei helfen. Wie viel Verantwortung für den Lernerfolg des Einzelnen tragen die Unternehmen?

Es ist schwierig, das in Prozentzahlen anzugeben. Unsere Verantwortung als Unternehmen, als Personalfunktion, ist es, die Rahmenbedingungen für den Lernerfolg sicherzustellen. Wir müssen die Angebote machen und die Lernplattformen zur Verfügung stellen. Und wir müssen die Beschäftigten ermutigen, ihnen Zeit zum Lernen einräumen und sie manchmal auch wieder an das Lernen heranführen.

Also im Grunde auch werben für den Gedanken „Selbst lernen macht schlau!"

Absolut. Ausschließlich selbst lernen, das ist es.

Braucht es nicht auch ein neues Führungsverständnis? Vielleicht sogar so etwas wie Wissensbeauftragte, die sich darum kümmern, dass dieses Thema in Unternehmen auch nachhaltig wirkt, gelebt, verstanden und genutzt wird?

Ich erwarte von Führungskräften, dass sie die Entwicklung der Mitarbeiter als eine wichtige Führungsaufgabe sehen und ausfüllen. Sie müssen klare Ziele und Erwartungen formulieren, Feedback geben, Perspektiven und Angebote zur persönlichen Entwicklung aufzeigen. Das ist sogar eine ihrer Kernaufgaben als Führungskraft. Und da braucht es das Wissen, welche Angebote gibt es, was passt für welchen Mitarbeiter und die Bereitschaft, hierfür auch Zeit zur Verfügung zu stellen. Ich würde da immer auf die einfache Wahrheit zurückkommen: „Das ist eine Führungsaufgabe."

Dieses Lernen will die Telekom als tägliche Gewohnheit im Joballtag verankern. Zugleich soll ein lernfreundliches Umfeld Mitarbeiter ermutigen, sich Zeit für den Wissensaustausch untereinander zu nehmen. Welche Rahmenbedingungen braucht es dafür?

Zum Start braucht es einen engen Schulterschluss mit den Sozialpartnern. Wir brauchen schließlich als Basis das gleiche Verständnis von dem, was auf das Unternehmen in Sachen Fähigkeiten der Zukunft zukommt. In einem intensiven holistischen Dialog ist es uns gemeinsam gelungen, einen sehr guten Rahmen über Bereichsgrenzen hinweg zu schaffen. Angefangen von unserer globalen Job-Architektur über die strategische, qualitative Personalplanung und unser Skill-Management bis zu unseren Lernplattformen und Akademien. Denn es war immer klar: Diese Bausteine gehören zusammen. Die Initialzündung hierfür hat schon mein Vorgänger gegeben, und wir haben die Rahmenbedingungen in den vergangenen Jahren Schritt für Schritt, Element für Element, in konkreten Vereinbarungen über die Ziellinie gebracht.

Welche Rolle spielen agile Arbeitsformen für das Teilen von Wissen?

Die Fachlichkeit unserer Mitarbeiter war nicht der primäre Grund für uns, agile Strukturen einzuführen – aber sie zahlen durchaus darauf ein. Gestartet sind wir mit agilen

> „„Stay curious and grow' ist für jeden Einzelnen von uns so wichtig, wie für unsere Kunden und das Unternehmen."

Arbeitsformen in den Bereichen, in denen es um Software- oder Produktentwicklung geht, und zwar mit dem Ziel, für den Kunden bessere Produkte zu entwickeln und Entwicklungszeiten zu verkürzen. Hier arbeiten crossfunktionale Teams eng an der gemeinsamen Produktentwicklung. Dazu ist ein kontinuierlicher Austausch von Wissen und Informationen erforderlich, damit auf Kundenanforderungen schnell flexibel reagiert werden kann. Dieser wird durch tägliche Routinen und eine hohe Informationstransparenz, die für die agilen Arbeitsweisen typisch sind, befördert. Somit haben die agilen Organisationsformen den Wissensaustausch quasi schon mit eingebaut. Entscheidend für den Erfolg ist aber auch hier die Kultur der Zusammenarbeit und des Lernens.

Inwieweit mussten Sie als Wegbereiterin für die Konzerninitiative „youlearn" Ihren Mitarbeitern auf allen Ebenen erst einmal Mut machen, alte Denkmuster aufzubrechen, Dinge anders zu machen, Neues hinzuzulernen, Neugier zu wecken?
Ganz ehrlich: Ich musste niemanden ermutigen. Im Gegenteil. Ich hatte das Glück, bei der Telekom schon auf eine gute Lernkultur zu treffen.
Mir war wichtig, die Relevanz von Lernen noch nachhaltiger im Unternehmen zu verankern. Deshalb lautet eine unserer neuen Unternehmensleitlinien seit 2020: „Stay curious and grow". In Leitlinien verankern wir ja nur Dinge, die uns wirklich wichtig sind. Das stärkt und verankert die Bedeutung des eigenen, ganz persönlichen Wachstums, was sich in Wachstum des Unternehmens übersetzt.
Bei „youlearn" war neu, dass Lernen heute anders, nämlich digital, alltäglich, selbstgesteuert und mit Spaß erfolgen sollte und weniger in Präsenz, an drei Tagen pro Jahr in einem Seminarhotel. Hier helfen vor allem die neuen Lernangebote, die immer und überall zugänglich sind. Und auch eine ansprechende und freche Kampagne, die bei der Mannschaft gut angekommen ist. Aber motiviert bis in die Haarspitzen waren unsere Leute vorher schon.

Das heißt: hohe Bereitschaft, Aufmerksamkeit auch auf beiden Seiten?
Genau. Und dann war es an uns, den Worten auch Taten folgen zu lassen. 2020 haben wir – beflügelt durch Corona – richtig Gas gegeben. Wir haben zum Beispiel den Rollout unserer Learning-Experience-Plattform Percipio in 2020 komplett vorgezogen, eigentlich waren nur erste Piloten geplant. Oder wir haben unlängst unseren ersten „Learning Day" vollständig digital durchgeführt. Am Ende bleiben das alles Angebote, die angenommen werden müssen und für die man Raum schaffen muss. Der Kollege im Innendienst oder draußen im Service, der jetzt gerade im Einsatz ist – wie kann er auch partizipieren? Und ist das dann Arbeitszeit oder Freizeit? Das sind natürlich sehr konkrete Fragen, die auch weiterhin im Betrieb gelöst werden müssen und auch durchaus mal ein Hindernis darstellen können.

Gerade erwähnten Sie noch einmal die „Angebote" – Ihr erstes Lagebild fiel ziemlich ernüchternd aus. „Die vielen unterschiedlichen Lernportale, über die wir heute verfügen, sind echte ‚Liebestöter'. Bis man sich da zurechtfindet, hat man keine Lust mehr zu lernen", lautete Ihr Fazit seinerzeit. Wie schützen Sie Ihre Mitarbeiter vor ähnlichem Frust?
Ja, so ähnlich habe ich das wirklich gesagt, wobei die Aussage damals eher auf unsere Personalportale im Allgemeinen bezogen war. Zum Thema Lernen hat sich mein Team ein sehr plastisches Ziel gesetzt: Wir möchten ein Netflix des Lernens etablieren.

Und was macht Netflix neben der Vielfalt von Angeboten aus? Vor allem die User Experience. Dafür mussten wir „nur" beachten, was man schlicht und einfach auch bei jeder guten Webseite machen würde: Für die Plattform mit ihren bestehenden Inhalten ein ansprechendes Frontend zu schaffen, mit intelligenter Suchfunktion und einer schlüssigen Aufbereitung. Look, Feel und Funktionalität lösen allein schon ganz viele Probleme. Im Grunde also der Ansatz, unsere Mitarbeiter als Kunden zu sehen. Daher lag der eindeutige Fokus auf Nutzerfreundlichkeit.

Parallel zu „youlearn" mit Percipio und Coursera entstand aus der Mitte heraus „LEX" (Learning from Experts), eine inzwischen knapp 20.000 Mitarbeiter starke Community in der Telekom. Wie ist Ihre Erfahrung mit solchen Graswurzelinitiativen auch hinsichtlich des Zusammenspiels der verschiedenen Projekte?
LEX ist für mich ein Musterbeispiel für gelebtes Wissensmanagement und neue Lernkultur. Allein in 2020 haben sich Mitarbeiter in weit über 2.000 Sessions über unterschiedliche Themen aus Job und auch Freizeit ausgetauscht. Es macht mich sehr froh und auch stolz, soviel Eigenengagement zu sehen. Und gerade haben wir diese Community auch mit dem Team Award ausgezeichnet. Da sind ganz unterschiedliche Themen dabei, auch solche, die – Stichwort „New Normal" – schnell und unkompliziert das Thema Corona aufgegriffen haben. Also praktische Alltagshilfen für unser Leben und Arbeiten unter besonderen Umständen. Wichtig ist für mich, dass wir solche Graswurzelinitiativen fördern, aber nicht überadministrieren, da sie sonst an Eigendynamik und Anerkennung unter den Beschäftigten verlieren. Deshalb unterstützen wir solche selbstorganisierten Initiativen. Wir erkennen die kraftvolle und zielführende Eigendynamik an und vor allem, dass diese genau in die Richtung von Eigenverantwortung geht, die wir fördern wollen. Es ist ja oft die Rede davon, dass Lernen in Unternehmen besonderer Protektion bedarf. LEX ist ein tolles Beispiel dafür, dass mitunter gerade Freiräume als Schutzräume fungieren.

Buchtipp: Benedikt von Kettler:
Transform your Workforce! Das Geheimnis wandlungsfähiger Unternehmen, Murmann, 2021

„Wissen Sie was," ...

AUGUST-WILHELM SCHEER

Wir schöpfen die Digitalisierung längst noch nicht aus, sagt Prof. Dr. August-Wilhelm Scheer. Der Unternehmer, Wissenschaftler und Musiker über das Geben und Nehmen von Wissen, Lernstrukturen aus dem Mittelalter, Wege zum „Re-Skilling" der Mitarbeiter und Freude an der „lebenslangen Lektion".

Herr Professor Scheer, Stichtag heute wurden Sie vor 28.977 Tagen geboren. Gab es einen darunter, an dem Sie einfach mal nichts gelernt haben?
Vom Tag unserer Geburt an lernen wir ja durch Erfahrung. Das kann man nicht ausschalten. Und zu diesem durch Erfahrung oder Verhalten erworbenen Wissen kommt später das Wissen durch Einsicht, durch Verstehen. Insofern glaube ich nicht, dass man auch nur an einem Tag seines Lebens nichts dazulernt. So eine Art Lernpause ist für mich unvorstellbar. Es sei denn, man liegt im Koma.

Damit Unternehmen das Gleiche leisten, erwarten Sie von ihnen, eine „lernende Organisation" aufzubauen. Wie sieht das idealerweise aus?
In jedem Fall digital. Aber eine lernende Organisation ist eine Organisation, die sich weiterentwickelt. Je schneller sich Geschäftsprozesse und Produkte von Unternehmen ändern, umso größer die Bedeutung des Lernens in Organisationen und des Qualifizierens der Mitarbeiter. Beispiel Automobilindustrie: Was nützt mir das tollste Wissen über den Verbrennungsmotor, wenn das Unternehmen die strategische Entscheidung trifft, vom kommenden Jahr an Elektroantriebe zu bauen. Da braucht es ein völlig anderes Wissen, und darum ist es wichtig, Lernen in Unternehmen zur Chefsache zu machen. Damit sie als Organisation in der Lage sind, eine schnelle Umqualifizierung ihrer Mitarbeiter zu ermöglichen.

Dieser Bedarf verschiebt die Verantwortung für das Lernen aus den HR-Bereichen immer weiter in die Fachabteilungen, wo sie auch hingehört. Anders als im HR-Bereich denken Fachbereiche mehr Outcome-orientiert, also der Frage folgend: Was kommt bei einem Seminar heraus, zu dem wir Mitarbeiter schicken. Um das schon vorher substanziell zu beantworten, kann man über Analytics herausfinden, welche Lernformen besonders sinnvoll und möglichst digitalisiert sind. Denn während der eine durch Lesen besser lernt, begreift ein anderer schneller per Video. Der Dritte lernt lieber in Serious Games, deren Wettbewerbssituation ihn stärker motiviert. So lassen sich durch individuelle Förderung der Mitarbeiter viel mehr Potenziale wecken. Das ist nur ein Punkt, an dem wir die Möglichkeiten der Digitalisierung längst nicht ausschöpfen.

Was machen andere Volkswirtschaften schon besser als wir?
Wenn ich in Sachen Bildung nach Amerika gucke, sehe ich bei vielen Studiengängen eine stärkere Verzahnung zwischen Praxis und akademischem Lernen. Da wird der MBA in der Regel schon parallel zur Berufstätigkeit erworben, indem die reine Wissensvermittlung über Digitalisierung erfolgt. Am Wochenende werden Studenten dann oft für Dinge wie Persönlichkeitsentwicklung zusammengerufen. Die reine Wissensvermittlung steht dabei nicht mehr im Vordergrund. Gelehrt und gelernt wird eher durch Fallstudien, Teamarbeit, Rollenspiele oder dadurch, dass man einmal einen Künstler berichten lässt, wie er auf Ideen kommt. Also ‚Rausgehen' aus der Box der reinen Wissensvermittlung. So wird ein Professor mehr zum Coach, als ein Lehrer, der zum 100. Mal sein Standardwissen vorträgt. Diese Rollenverschiebung ist auch ein Argument dafür, das alltägliche Lernen durch Technik zu unterstützen, um z. B. für Persönlichkeitsbildung mehr Zeit zu haben.

Also im Grunde raus aus dem klassischen Pauken, rein ins Lernerlebnis?
Richtig. Das Schlagwort ist ja Learning Experience – was muss der Mensch beim Lernen erleben, wie bleibt er motiviert, wie kann ich unterstützen? Damit Lernen ihm Vergnügen macht und nicht als Fron empfunden wird.

> **PROF. DR. AUGUST-WILHELM SCHEER**
>
> Prof. Dr. August-Wilhelm Scheer, 2017 in die Hall of Fame der deutschen Forschung aufgenommen, ist einer der prägendsten Wissenschaftler und Unternehmer der deutschen Wirtschaftsinformatik und Softwareindustrie. Die Bücher des Gründers erfolgreicher Software- und Beratungsunternehmen sind Standardwerke des Geschäftsprozessmanagements. Unter anderem im Zukunftsprojekt „Smart Service World" der Bundesregierung zur Ausgestaltung der „Digital Economy" ist er quasi Protagonist. Wer verstehen will, wie der gebürtige Westfale Lernen als lebenslange Lektion „lebt", sollte einmal in eines seiner Konzerte gehen. Als Saxophonist. Oder die – im Sommer – zu seinem 80. Geburtstag erscheinende Autobiografie lesen.

▰ Die lernende Organisation muss Chefsache sein, sagen Sie. In den USA verankern erste Unternehmen diese Aufgabe mit der Rolle eines CLO (Chief Learning Officer) bereits auf Vorstandsetage. Ist das angemessen?

Ein Learning Officer kann koordinieren, die Tools aussuchen, auf eine gewisse Vereinheitlichung im Rahmenkonzept achten und Lernpfade definieren, die man für bestimmte Karrieren gebrauchen sollte. Wichtiger als diese Rolle im Vorstand zu verankern, ist aber, dass ein Unternehmen versteht, welche Bedeutung das Lernen heute hat und, dass dieses Selbstverständnis in die einzelnen Fachvorstände hineinreicht.

▰ Auch außerhalb der C-Level von Unternehmen, haben Sie kürzlich im Magazin Focus angemahnt, sei „unerlässlich, beim ‚Re-Skilling' der Mitarbeiter Fahrt aufzunehmen". Wie müssen digitale Lernsysteme in der Aus- und Weiterbildung angelegt sein?

Anders, als die E-Learning-Systeme von früher, geht es heute um benutzerfreundliche digitale Lernumgebungen. Texte, Spiele, Simulation, Videos, Augmented Reality, in dieser Bandbreite sind interaktive Formen und Varianten möglich, sodass man auch sofort Feedback bekommt. Etwa, dass man etwas wiederholen soll, um beim zweiten Mal den Fehler vom ersten Mal zu vermeiden. Hinweise à la „was lernen andere Mitarbeiter in der gleichen Peergroup gerade", Empfehlungen zur Kontaktaufnahme mit Kollegen zum Beispiel – solche Empfehlungs- und Kommunikationsfunktionen sind sehr wichtig. Hinzu kommt: Die scharfe Trennung zwischen Lehrenden und Lernenden gibt es heute längst nicht mehr. Auch als Lernender kann ich Inhalte erstellen, um sie anderen Lernenden zur Verfügung zu stellen oder als Hilfestellung anzubieten. Kommunikative Verknüpfung und das Lernen von anderen spielen heute eine große Rolle.

▰ Sie sind nicht nur Wissenschaftler, Manager, Unternehmer, sondern auch passionierter Saxophonist. In allen vier Rollen, sagen Sie, sind Kreativität, Leidenschaft, Improvisation und Flexibilität die Säulen Ihrer Arbeit. Wie trainieren Mitarbeiter diese Skills?

Wissen Sie was? – Im Idealfall sind das die Säulen jedermanns Arbeit. Kreativität und Leidenschaft sind einem in gewisser Weise ja in die Wiege gelegt. Aber man ist selbst dafür verantwortlich, was man daraus macht. Denn um die Spitze zu erreichen, genügt Begabung allein nicht. Da muss man auch investieren – die viel zitierte Mischung aus Inspiration und Transpiration. Dann ist Disziplin wichtig, um sich zu steuern und ein

Gerüst zu schaffen, selbst gesteckte Ziele zu erreichen. Improvisation und Flexibilität hingegen, im Sinne von spontanem Agieren, sodass man in der Lage ist, sich auf ungewohnte Situationen sehr schnell einzustellen, lassen sich trainieren.

Ist Musik das Feld, in dem Sie unter dem Gedanken des Serviceerlebnisses eine Art digitale Grenze ziehen zwischen Tun und Lassen?
Nein. Spätestens seit Corona sind wir zum Beispiel sehr froh, Streaming anbieten zu können. Würde man gar kein Konzert mehr spielen können, fehlt schnell die Motivation, zu proben und sich zu verbessern. Virtuelle Performance ist ein Substitut, aber es ist nicht schlecht. Übrigens auch als Übung, mit neuen Situationen umzugehen. Ich finde toll, dass Künstler ganz neue Prozesse entdecken und darüber nachdenken: Wie kann ich meine Leistungen digitalisieren? Da wird gerade viel Kreativität freigesetzt. Insofern finde ich auch die Gegenüberstellung von technischen und menschlichen Kontakten zu verführerisch, um das Ganze zu einseitig und nicht von beidem die Vorteile zu sehen.

Zurück zur Organisation – wie kann man täglich neues, vielfach unternehmensrelevantes Wissen über alle Ebenen und Bereiche hinweg zuverlässig vermitteln?
Durch die Digitalisierung haben wir ja ganz andere Möglichkeiten, Wissen zu verteilen, auch zu konservieren, zu strukturieren und verfügbar zu machen – übrigens intern wie extern.

Aber einmal abseits innovativer Technologie – Stichwort „intern" – hapert die Durchlässigkeit reibungsloser Wissenstransfers mitunter nicht schon an tradierten Strukturen & Hierarchien?
Wichtig ist: Wie lasse ich meine Mitarbeiter auch an Wissen heran, das gar nicht so viel mit ihrem Arbeitsplatz zu tun hat? Es geht dabei aber weniger um Hierarchie, als um die verankerten Rollen. Natürlich gibt es berechtigte Anliegen von Unternehmen, Wissen nicht völlig unkontrolliert weitergeben zu lassen. Man darf es aber auch nicht so eng definieren, dass Mitarbeiter nur noch über ihren Arbeitsplatz Bescheid wissen und nicht, wie weit ihre Verantwortung, für mögliche Fehler z. B., auch über folgende Prozesse hinweg reicht.

Herrschaftswissen, Ego-Denken, Machterhalt, Wissensvorsprünge als persönlicher USP – spielt all das keine Rolle?
Damit erzielt man allenfalls kurzlebige Erfolge. Wenn ich versuche, Wissen bei mir zu bunkern, um bei passender Gelegenheit zu dokumentieren, dass ich etwas weiß, ist das in dem Augenblick ein kleiner Triumph, aber auf Dauer schädlich. Es geht um das Prozessdenken, sich nicht als Box, sondern in größerem Zusammenhang eingebunden zu sehen. Wer sich transparent verhält und liefert, hat auch den Anspruch, von anderen etwas zurückzubekommen. Diese Transparenz ist der lohnendere Weg. Lernen als Wissenserwerb ist immer ein Geschäft von Geben und Nehmen. Nur der Austausch von Informationen führt zu einer Diskussion, die das eigene Wissen anreichert.

Das ist absolut plausibel, aber sind Abteilungsdenken und Arbeiten in Silos damit automatisch perdu?
Nein. Aber das Wort Abteilung ist ja schon selbstentlarvend – man teilt etwas ab, was eigentlich zusammengehört. Deswegen sind moderne Organisationsformen auch eher

„Es ist wichtig, *Lernen* in Unternehmen zur *Chefsache* zu machen."

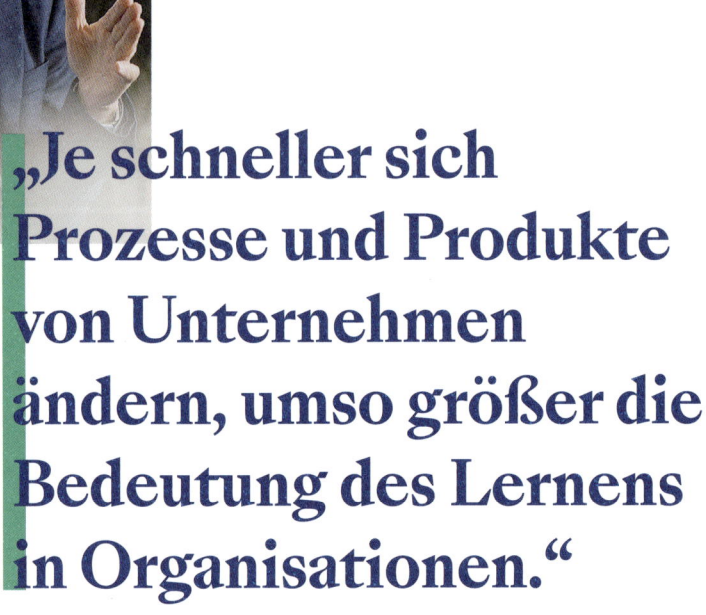

AUGUST-WILHELM SCHEER

„Je schneller sich Prozesse und Produkte von Unternehmen ändern, umso größer die Bedeutung des Lernens in Organisationen."

prozessorientiert, um größere Zusammenhänge zu erfassen und dieses Abkapseln nicht mehr so einfach zu machen. Es ist Aufgabe des Managements, dafür zu sorgen, dass solche Silos aufgebrochen werden bzw. gar nicht mehr entstehen.

Im Sinne solcher Schieflagen lautet ein Ansatz Ihres Instituts: „Wir stellen standardisierte Denkmuster infrage und verzahnen hochtechnologische Forschung mit praktischer Anwendung." Können Sie uns ein Beispiel nennen?
Das Forschungsinstitut habe ich gegründet, weil Unternehmen heute noch vielfach so strukturiert sind wie unsere Universitäten. Im Klartext: Wie im Mittelalter. In Fakultäten, die für sich arbeiten, innerhalb der Fakultäten dann in Fachbereiche und die Fachbereiche nochmal unterteilt in Lehrstühle. Dann habe ich hinterher Lehrstühle mit zwei, drei, vier Assistenten, die mit diesen Ressourcen nur ganz kleine Themen bearbeiten. Kann ich so einen Elektromotor, Klimaschutzkonzepte oder innovative Technologien entwickeln? Nein, kann ich nicht. Dafür muss ich Leute aus unterschiedlichsten Fachbereichen zusammenbringen. D. h. die Themen, die wir heute bearbeiten, gehen über diese Vereinzelung und Spezialisierung, wie sie in unseren Hochschulstrukturen, aber

auch in vielen unserer Unternehmen gespiegelt werden, weit hinaus. Mit dem Denken in Fakultäten – Abteilungen, wenn Sie so wollen – wird es schwierig, blitzschnell Mitarbeiter mit 30 unterschiedlichen Disziplinen zur Verfügung zu stellen. Da sich kaum ein Problem heute noch isoliert bearbeiten lässt, sondern nur ganzheitlich, fachbereichs- und disziplinübergreifend. Dieser Ansatz reibt sich aber an den Standards traditioneller Gliederungen, in Unternehmen und Universitäten gleichermaßen.

Standards geben aber auch Orientierung. Mitarbeitern in Dienstleistungsunternehmen zum Beispiel für ihr Auftreten gegenüber Kunden.
Gerade deshalb gehören auch sie regelmäßig auf den Prüfstand. Wie zuvorkommend werde ich behandelt? Wie schnell wird mir geholfen? Unterm Strich nützt es niemandem, wenn jemand freundlich ist, aber mein Problem nicht lösen kann. Auch mir ist im Zweifel ein unfreundlicher Servicemitarbeiter lieber, der mein Problem lösen kann. Das bestätigt aber im Grunde genommen nur noch einmal, wie wichtig es ist, ständig Anschluss zu halten an neue Erkenntnisse. Deshalb darf sich der Mitarbeiter auch nie isoliert sehen, sondern immer als Teil eines Servicenetzwerkes. D. h. wenn er vor Ort ist und versteht etwas nicht, hat er heute so viele Möglichkeiten, einen Experten anzurufen oder eine Videoschaltung zu machen. Dem Kollegen kann er zeigen, wo das Problem liegt und sich von ihm weiterhelfen lassen. Es ist auch eine Frage der Improvisation, alle Ressourcen des Unternehmens einzubeziehen, um ein Problem zu lösen. Denn das ist sein Erfolg: „Ich gehe nicht aus dem Haus, bis das Problem gelöst ist." Feststellen zu müssen: „Ich gehe jetzt aus dem Haus und schiebe es einem anderen zu" ist deprimierend. Das wäre übrigens ein wichtiger Punkt, den man ganz schnell ändern könnte. Immer vorausgesetzt, ich lerne als Organisation.

Was wäre der konkrete Lernprozess?
Dass ein Kollege im Erstkontakt mit dem Kunden, der zur Lösung seines Problems einen zweiten Kollegen hinzuziehen muss, die Chance und die Zeit bekommt, diesen Prozess zu verfolgen. Um so vom Kollegen zu lernen, der das Problem final löst. Stellt Tage später das Anliegen eines anderen Kunden denselben Kollegen im Erstkontakt vor das gleiche Problem, kennt er jetzt die Lösung und muss es nicht wieder an einen anderen Kollegen abgeben. Muss er sich aber bei Weitergabe an einen erfahreneren Mitarbeiter quasi „par ordre du Mufti" jedes Mal verabschieden, schlag ich als Unternehmen die Tür zum Wissenstransfer á la „Lernen von anderen" sofort zu.

Mit Blick auf Ihr persönliches lebenslanges Lernen: Woher nehmen Sie Ihre Antriebskraft und diesen Drang, diese Neugier, Dinge immer wieder anzufassen, voranzubringen, zu verändern? Viele Menschen Ihrer Generation haben längst damit aufgehört, weil sie sagen: Genug gelernt.
Nein, das geht ja nicht. Dann wird's ja langweilig. Deswegen weigere ich mich auch, mich als Pensionär zu sehen. Man muss sich davor hüten, zu früh ein aktives Leben aufzugeben, weil man sich dann nicht mehr weiterentwickelt. Man lernt nicht mehr eigenständig aus eigenen Erfahrungen, sondern erfährt nur noch, was man in der Tagesschau sieht und andere für einen zusammengestellt haben. Was zählt, sind aber persönliche Erfahrungen und Lernprozesse. Diese eigene möglichst lebenslange Lektion müssen wir uns erhalten.

Buchtipp: Prof. Dr. August-Wilhelm Scheer:
Timing – zum effektiven Umgang mit der Zeit, Springer, 2021

Wissen für alle

SEBASTIAN THRUN

Der Deutsche Prof. Dr. Sebastian Thrun ist einer der Top-Innovatoren des Silicon Valley. Mit seiner 2011 gegründeten Online-Lernplattform Udacity strebt er an, Bildung global zu revolutionieren.

Herr Thrun, 2011 stellten Sie als Stanford-Professor eine Informatik-Vorlesung kostenfrei ins Netz. Als am Ende 160.000 Menschen aus über 190 Ländern teilnahmen, über 400 von ihnen im Abschlusstest sogar besser abschnitten als ihre Elite-Studierenden an der Universität, gründeten Sie die Online-Lernplattform Udacity. Sie sprachen von einer globalen Bildungsrevolution und dem Ziel der Demokratisierung von Wissen. Leider hat das dann aber doch nicht weiter funktioniert, oder?

Es stimmt, wir hatten schon erhebliche Startschwierigkeiten mit Udacity. Die Nutzerzahlen wurden schnell kleiner und die Zahl der Abbrecher größer. Für die Universitäten, mit denen wir eigentlich kooperieren wollten, galten wir schnell als Konkurrent, der das traditionelle Bildungssystem abschaffen will. Es hat ein paar Jahre gebraucht, um herauszufinden, wie Udacity auch wirtschaftlich funktioniert.

Lag das vielleicht auch an der Art des Lernens selbst, das ja stark auf Eigeninitiative setzt? War also das Format vielleicht einfach zu neu und auch der Wert solcher Online-Kurse für den eigenen Karriereweg zu unklar?

Ich glaube nicht, dass es an der Art des Lernens lag. Oder dass sich die Lernenden nicht gut genug motivieren konnten. Natürlich war das Format neu und deshalb überhaupt nicht klar, ob man durch das Absolvieren unserer Kurse am Ende wirklich bessere Karrierechancen hat. Das hat sicherlich eine Rolle gespielt. Was wir sicher sagen können, denn dazu haben wir Daten: Viele Lernende sind zu Beginn in den Kursen buchstäblich steckengeblieben. Die Aufgaben wurden ihnen an einem bestimmten Punkt zu kompliziert, und sie hatten keine Chance, sich Hilfe zu holen. Als wir dann Experten als Tutoren einsetzten, sind aber auch die Graduierungsraten sehr schnell gestiegen. Von anfangs drei auf inzwischen 80 Prozent.

Heute entwickeln Sie Weiterbildungsangebote für große Unternehmen, darunter auch viele deutsche Konzerne wie Bertelsmann, Bosch, BMW und Siemens. Ist das noch die Demokratisierung des Wissens, die Sie anfangs im Sinn hatten?

Im Kern schon. Es ist doch nach wie vor absolut inakzeptabel, weite Teile der Welt komplett von hochwertigen Bildungsinhalten auszuschließen. Aber genau das ist nach wie vor der Fall. Für den Bereich moderner IT-Technologien, auf den wir uns spezialisiert haben, gilt immer noch: Wenn Sie in Afrika, Indonesien, im Mittleren Osten, in größten Teilen Chinas oder in Indien aufwachsen, haben Sie auf klassischem Weg, also über Universitäten, keine Chance, sich dieses Wissen anzueignen. Und genau hier kommt Udacity ins Spiel. Unsere Abschlüsse, die sogenannten Nanodegrees, haben wir inzwischen über 164.000 Mal verliehen und allein im Mittleren Osten 860.000 junge Menschen im Programmieren ausgebildet.

Ihre Kurse sind aber nicht mehr kostenlos, oder?

Nein. Aber trotzdem kosten sie nur einen Bruchteil dessen, was man an einer Elite-Universität wie Stanford und MIT für dieselbe Qualität bezahlen würden. Im Grunde machen wir ja nichts anderes, als mithilfe von Technologie einer möglichst großen Anzahl von Menschen Wissen zur Verfügung zu stellen. Ein Konzept, das uns ja eigentlich bestens vertraut ist und das uns schon fantastische Dienste erwiesen hat, beispielsweise in Form des Buchdrucks oder des Films. Das hat uns in der Demokratisierung der Bildung massiv vorangebracht, von einer weitestgehend ungebildeten Weltbevölkerung im Mittelalter bis in moderne Zeiten, in denen über 90 Prozent der Kinder weltweit eine Schulausbildung erhalten. Das ist natürlich eine tolle Leistung. Trotzdem müssen wir jetzt einen Schritt weitergehen und verstehen, dass Bildung in Zukunft längst nicht mehr an bestimmte Institutionen und Lebensabschnitte gebunden sein wird.

Sondern?

Dass wir in Zukunft lebenslang lernen müssen und wollen. Vor allem, um mit einer immer schnelleren technologischen Entwicklung mithalten zu können. Inzwischen kooperieren viele große Firmen mit uns, weil sie gar nicht wissen, wie sie ihre Mitarbeiter und Mitarbeiterinnen in Feldern wie KI oder Cloud-Technologie sonst weiterbilden könnten. Universitäten sind hier viel zu langsam.

Ihre eigene Karriere ist ein Musterbeispiel lebenslangen Lernens. Sie haben für Udacity eine Anstellung als Stanford-Professor aufgegeben. Und selbst bei Udacity sind Sie nicht mehr Geschäftsführer, dafür CEO des Start-ups Kitty Hawk, das sich mit der Entwicklung von Flugtaxis beschäftigt. Woraus ziehen Sie die Motivation, sich ständig so konsequent weiterzuentwickeln?

Eine Professur ist eine lebenslange Anstellung, wahrscheinlich einer der wenigen Jobs weltweit, für die das überhaupt noch gilt. Deshalb ist der Job eigentlich so gestaltet, dass man sich auf seinen Lorbeeren ausruhen kann. Und das liegt mir überhaupt nicht. Was für mich das Leben lebenswert macht, ist, sich ständig neu herauszufordern.

Was macht Sie so sicher, dass das auch für die Mehrheit aller anderen Menschen funktioniert, die vielleicht nicht in globalen Innovations-Hotspots wie dem Silicon Valley leben und arbeiten?

Ich glaube fest daran, dass es ein menschliches Grundbedürfnis ist, sich weiterzubilden und produktiv zu sein, egal wo sie leben. Unser Ziel ist, erstklassige Bildung einer möglichst großen Anzahl von Menschen zur Verfügung zu stellen. So wie es heute viel leichter ist, einen Udacity-Kurs zu belegen und ein Stipendium dafür zu bekommen, als für Stanford zugelassen zu werden. Obwohl sie in beiden Fällen Kurse in höchster Qualität absolvieren können.

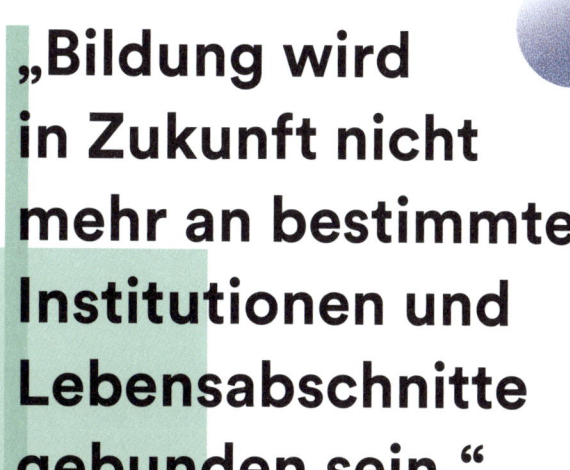

„Bildung wird in Zukunft nicht mehr an bestimmte Institutionen und Lebensabschnitte gebunden sein."

PROF. DR. SEBASTIAN THRUN

Sebastian Thrun hat es nicht nur in Bezug auf seine Karriere, sondern auch mit Blick auf seinen Arbeitsstandort weit gebracht. Nach dem Studium in Hildesheim und Bonn wechselte er in die USA. Dort hatte er als Experte für Künstliche Intelligenz und Robotik verschiedene Funktionen inne, u. a. als Professor of Computer Science an der Stanford University und bei Google. Mit der Gründung der Online-Akademie Udacity im Jahr 2011 hat Sebastian Thrun das akademische Lernen für alle Interessierten zugänglich gemacht. Seine Leidenschaft für Künstliche Intelligenz und für die Qualifizierung von Menschen entspringt einer Vision: Der Automatisierung von repetitiven Jobs, damit sich die Menschen auf den kreativen und innovativen Teil der Arbeit fokussieren können.

Die

Yannis Niebelschütz hat zusammen mit seinem Bruder Matti das Unternehmen CoachHub gegründet, eine Plattform für digitales Coaching. Gemeinsam wollen sie die Coaching-Branche zugänglicher machen – für alle Beschäftigten und nicht nur für Führungskräfte.

Herr Niebelschütz, wie entstand die Idee, Business Coaching digital und für jeden anzubieten?
Mein Bruder und ich sind seit über zwölf Jahren Coaching-Fanatiker. Coaching haben wir als Gründer und später als Führungskräfte in internationalen Unternehmen kennen- und schätzen gelernt. Wir haben dabei extrem viel über Dinge wie Führung oder den Umgang mit Konflikten im Team mitgenommen. Diese positiven Erfahrungen wollten wir ortsunabhängig und demokratischer anbieten – nicht nur für Führungskräfte, sondern für möglichst viele Mitarbeitende in einem Unternehmen. So entstand die Idee zu CoachHub. Gestartet sind wir ganz klassisch am Küchentisch. Inzwischen haben wir 250 Mitarbeitende und arbeiten mit über 2.500 Top Coaches weltweit zusammen. Zu unseren Kunden gehören viele große Unternehmen.

Wie läuft ein digitales Coaching ab und gibt es Unterschiede zu klassischen Präsenzangeboten?
Im Prinzip funktioniert unser Coaching genau wie die klassische Variante. Anders sind eher die Möglichkeiten. Wir haben eine eigene, datenschutzkonforme und sichere App für die Videogespräche geschaffen. Darüber kann man sich Aufgaben schicken lassen, Fortschritte bewerten oder Termine koordinieren. Zudem bieten wir spannende Artikel zu Themen wie Führung oder Stressmanagement an. Auch die Suche nach dem richtigen Coach läuft digital. Dafür haben wir einen eigenen Matching-Algorithmus geschaffen. Dabei spielen Kriterien wie Sprache, Position im Unternehmen oder die eigenen Vorstellungen an das Coaching eine Rolle. Die Unternehmen müssen also nicht einmal selbst auf die Suche gehen. Ein weiterer Vorzug ist die Verfügbarkeit. Ich kann die Kompetenz eines Top Coaches nutzen, muss aber nicht lange auf einen begehrten Termin warten oder den weiten Weg in seine Praxis auf mich nehmen. Das senkt die Hemmschwelle. Ein zusätzliches Angebot für die Firmen ist ein Reporting. Hier wird zum Beispiel angezeigt, wie viele Mitarbeitende das Coaching nutzen und wie zufrieden sie mit dem Angebot sind. Selbst die Themen und die selbstbewertete Entwicklung der Nutzer werden im Dashboard angezeigt, anonymisiert versteht sich.

Wer sind die Coaches, die für Sie arbeiten?
Unser Versprechen sind die top fünf Prozent der Business Coaches. Das klingt sehr ambitioniert, aber tatsächlich bekommen wir Tausende von Bewerbungen. Da können wir uns die Rosinen herauspicken. Alle unsere Coaches bringen selbst Managementerfahrung, eine hochwertige Ausbildung und die Erfahrung aus mindestens 500 Coachingstunden mit. Außerdem

des

Demokratisierung

YANNIS NIEBELSCHÜTZ

„Explore the greater you" steht auf einem T-Shirt von Yannis Niebelschütz. Damit ist auf den Punkt gebracht, was für ihn die Zielsetzung von Coaching ist. Als Mitgründer und Geschäftsführer von CoachHub ist es ihm gelungen, dieses Ziel zu erweitern, indem Coaching als digitales Angebot möglichst vielen zur Verfügung steht. Coaching für alle Mitarbeiter und jede Ebene – das ist seine Mission. Und auch das große Ganze hat er dabei im Visier. Seine Überzeugung ist, dass ein Investment in die Mitarbeiter immer auch ein Investment in das Unternehmen und damit ein Beitrag zur Zukunftssicherung ist. Nach eigenen Angaben ist Yannis Niebelschütz ein Riesenfan von „Growth Mindset" und lebenslangem Lernen. Privat fordert er sich beim Fußball und Joggen.

haben wir ein sechsstufiges, ziemlich anspruchsvolles Auswahlverfahren. Wer das besteht, bekommt zudem eine intensive Schulung zu Themen wie digitales Lernen und Lehren oder Datenschutz. So wollen wir sicher gehen, dass unsere Kunden für ihr Geld nur die Besten bekommen. Ein weiteres wichtiges Qualitätskriterium sind natürlich die Bewertungen unserer Kunden. Sind sie nicht zufrieden, sprechen wir mit dem Coach. Erfreulicherweise liegt die durchschnittliche Bewertung bei 4,9 von 5 möglichen Punkten.

Ist das digitale Angebot genauso effektiv?
Davon sind wir fest überzeugt. Es gibt tatsächlich sogar Untersuchungen, die zeigen, dass es in Sachen Wirksamkeit keine großen Unterschiede zwischen den Formen gibt. Manche Menschen öffnen sich sogar mehr, wenn sie ihrem Coach nicht gegenübersitzen und tief in seine Augen schauen müssen. Immerhin wird es manchmal schon etwas intim und auch unangenehmere Dinge kommen zur Sprache.

Unter Führungskräften gehört Coaching längst zum guten Ton. Nun sprechen Sie die gesamte Belegschaft an. Warum ist die Zusammenarbeit mit einem Coach ein Gewinn?
Wir wollen Coaching demokratisieren und wenden uns dabei bewusst an die mittlere Managementebene und tiefer. Bei uns im Unternehmen bekommen auch Praktikanten ein Coaching. Und die Erfahrungen damit sind durchweg positiv. Themen wie Konfliktmanagement, der Umgang mit immer neuen Anforderungen am Arbeitsplatz oder auch die Selbstfürsorge und das Stressmanagement betreffen uns alle. Auch die Arbeit im Homeoffice oder das Führen eines remote arbeitenden Teams sind gerade in diesen Tagen wichtige Fragestellungen für ein Coaching.

Coachings

 **50%**

aller Arbeitnehmer brauchen durch die schnell voranschreitende Digitalisierung bis 2025 eine Umschulung.

 **40%** < 6 Monate

der Arbeitnehmer benötigen bis 2025 eine Umschulung von sechs Monaten oder weniger, wobei diese Zahl in der Konsumgüterindustrie und im Gesundheits- und Pflegesektor höher ist. In den Sektoren Finanzdienstleistungen und Energie ist der Anteil der Arbeitnehmer, die innerhalb von sechs Monaten umgeschult werden können, geringer, da sie zeitintensivere Programme benötigen.

85 Mio. bis 2025 → **97 Mio.**

Arbeitsplätze könnten durch eine Verschiebung der Arbeitsteilung zwischen Mensch und Maschine verdrängt werden.

neue Arbeitsplätze könnten gleichzeitig entstehen, die besser an die neue Arbeitsteilung zwischen Menschen, Maschinen und Algorithmen angepasst sind.

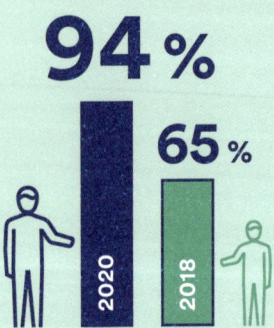 **94%** (2020) / **65%** (2018)

16 % der Schulungen werden mit Online-Lernplattformen durchgeführt,

39 % intern und

11 % durch externe Berater.

Die überwiegende Mehrheit der Unternehmensleitungen (94 %) erwartet heute, dass Mitarbeiter neue Fähigkeiten am Arbeitsplatz erwerben. Kritisches Denken und Problemlösung stehen ganz oben auf der Liste der Fähigkeiten, von denen Unternehmen glauben, dass sie in den nächsten fünf Jahren an Bedeutung gewinnen werden.

Die Pandemie hat den Trend zum Online-Re-Skilling beschleunigt. Zwischen April und Juni 2020 verzeichnete die amerikanische Lernplattform Coursera eine Vervierfachung ihrer Anfragen. Die Zahl der Unternehmen, die ihren Arbeitnehmern Online-Lernmöglichkeiten anbieten, hat sich verfünffacht.

Quelle: World Economic Forum, Future of Jobs Report 2020

Häufig gehen Menschen zum Coaching, wenn sie ein privates oder berufliches Problem haben oder vor einer neuen Herausforderung stehen. Nun bieten Sie das Coaching als dauerhaftes Angebot an. Wie kommt das bei den Kunden an?
Du sprichst einen wichtigen Punkt an. Coaching wurde lange eher als reaktives Tool in der Krise angewendet. Wir sehen das Potenzial von Coaching aber an einem ganz anderen Punkt. Es ist eine tolle Gelegenheit, selbst zu wachsen und sich weiterzuentwickeln. Deshalb bieten viele unserer Kunden Coaching auch flächendeckend an – zum Beispiel für angehende Führungskräfte. Sie bekommen von unseren Coaches Unterstützung auf dem Weg zu neuen Aufgaben. Sie lernen den Umgang mit Führungsverantwortung oder werden in ihrer Resilienz gestärkt. Dieser Angang bereitet sie viel besser auf die anstehenden Herausforderungen vor und setzt nicht erst an, wenn es schon Probleme gibt.

Was haben Unternehmen davon, wenn sie Ihren Service in Anspruch nehmen?
Unsere Kunden investieren in uns und erwarten im Gegenzug natürlich Erfolge, die sich durch knallharte Fakten belegen lassen. Zum Beispiel gibt es oft positive Effekte auf die Motivation und die Verbundenheit zum Unternehmen. Das heißt, durch unser Coaching sinken die Kündigungsraten und steigt die Zufriedenheit der Mitarbeitenden. Außerdem gibt es sichtbare Auswirkungen auf die Gesundheit der Belegschaft. Auf der anderen Seite setzt sich bei vielen Unternehmen mehr und mehr die Erkenntnis durch, dass man größere Veränderungsprozesse begleiten sollte, um die Mitarbeitenden einzubinden. Dass dabei Coaching ein guter Weg ist, bestätigt unser breitgefächertes Kundenspektrum.

Wir sprechen viel über lebenslanges Lernen. Dabei ist Coaching ja nur ein Element neben Weiterbildung oder Training. Wie ist Ihr Angebot in einen Personalentwicklungsprozess eingebunden?
Bei vielen Unternehmen ist unser Angebot tatsächlich Teil eines Entwicklungsprogramms für junge Führungskräfte. Andere bieten unser Coaching den Mitarbeitenden aktiv an – ähnlich wie Fortbildungsprogramme oder andere Benefits. So kann sich jeder für ein Coaching entscheiden, wenn er bei sich Bedarf sieht. Im Idealfall greifen so Fortbildungen und Coaching ineinander. In einem Seminar lernt man vielleicht etwas Neues über Stressmanagement oder neue Arten der Zusammenarbeit, und im Coaching tut man alles dafür, die neuen Impulse auch zu verstetigen und vielleicht noch Nachholbedarf auszumachen. Diese Kombination erleichtert das lebenslange Lernen ungemein – gerade für Menschen, die vielleicht nicht gewöhnt sind, sich am Arbeitsplatz stetig weiterzuentwickeln.

Gibt es Grenzen Ihres Coaching-Angebots?
Ja, wenn wir spüren, dass hier eigentlich keine Coaches gefragt sind, sondern Psychotherapeuten. In unseren Ethik-Richtlinien ist deshalb festgehalten, dass unsere Mitarbeitenden sofort an ausgebildete Therapeuten verweisen, wenn sie Hinweise auf eine psychische Erkrankung ausmachen. Das ist super wichtig für uns. Ansonsten stehen wir allen Themen offen – gerade das Privatleben hat nun einmal häufig Auswirkungen auf den Arbeitsalltag und andersherum. Deshalb können Mitarbeitende mit unseren Coaches natürlich auch über private Fragen sprechen.

KI *für den perfekten Dreiklang*

MICHAEL BREHM

Michael Brehm hat mit 15 seine erste Unternehmung gegründet. Der Berliner gehört laut „Capital" zu den „umtriebigsten Köpfen der deutschen Gründerszene". Das liegt sicher auch daran, dass er es schafft, ökonomische Herausforderungen auf seine ganz eigene Art zu lösen.

MICHAEL BREHM

Das Zeug zum Serial Entrepreneur lag Michael Brehm nicht in den Genen. Sein Vater, so sagt er selbst, „war als Unternehmer eher konservativ". Brehm Junior indes, gründet die erste eigene Firma, da ist er gerade 15. Mit 25 hat er zwei Dinge in der Tasche: ein Diplom der Otto Beisheim School of Management und eine Liste mit 200 Geschäftsideen. Doch Geduld und Gespür für das richtige Timing führen ihn erst über das Bankhaus Merrill Lynch zu StudiVZ. Dessen Verkauf wird für Brehm zum lukrativen Exit. 2010 Gründung von Rebate Networks, ein Inkubator für Online-Rabatt-Systeme á la Groupon. Daraus baut er ein Netz aus 29 Firmen weltweit, die er 2016 verkauft. Heute bietet Brehm mit seinem jüngsten Start-up i2x die Optimierung von Telefongesprächen im Service und Verkauf durch KI-gesteuerte Software an. Die Verbesserung der Kommunikation durch das passende Zusammenspiel von Mensch und Technik ist eines seiner Leitthemen.

Herr Brehm, Sie haben das Studentennetzwerk StudiVZ mit aufgebaut oder sich beispielsweise an Lieferando beteiligt. Nun haben Sie mit i2x ein Start-up gegründet, bei dem Software mit Künstlicher Intelligenz die Mitarbeiter am Telefon besser machen soll. Das wirkt auf den ersten Blick recht heterogen, ist es das auch?

Nein, dieser Eindruck täuscht. Bei sämtlichen Firmen, die ich aufgebaut habe und an denen ich beteiligt war, ging es um die immer wiederkehrende Frage: Wie kommuniziere ich richtig mit den Kunden und über welchen Kanal? Und das ist für alle, wirklich alle Unternehmen weiterhin eine, wenn nicht die entscheidende Herausforderung.

Bei i2x geht es uns sehr konkret darum, Vertriebsmitarbeiter oder Callcenter-Agenten durch unsere Software erfolgreicher zu machen. Also den Menschen durch Künstliche Intelligenz zu helfen, am Telefon besser zu werden. Das ist für die erfolgreiche Kommunikation aus meiner Sicht absolut essenziell. Die Sprache positiv zu beeinflussen, ist hier der entscheidende Faktor.

Warum?

Bei meiner Vision zur Gründung von i2x trieb mich die Frage: Was will ich nach all den erfolgreichen Gründungen eigentlich noch mit meinem Leben machen? Was antworte ich meinen Kindern auf die Frage, was ich Sinnvolles in meinem Leben getan habe?

Die Antwort für mich war: Ich möchte mich mit einer sehr tiefen und sehr komplexen Technologie beschäftigen und damit etwas Sinnhaftes schaffen. Dann habe ich untersucht, wie sich das auf Sprache übertragen lässt. Bei diesen Überlegungen kommt man sehr schnell zu folgenden drei Komponenten: Unser Gehirn ermöglicht es uns, zu denken. Unsere Hände gebrauchen wir als Werkzeuge. Als drittes wesentliches Element unseres Seins werden diese beiden Dinge durch die Sprache ergänzt. Mit dieser können wir dann auch sehr komplexe Zusammenhänge miteinander kommunizieren und austauschen – in diesem Bereich habe ich zahlreiche Möglichkeiten erkannt, Dinge sinnvoll zu optimieren.

„Immer wiederkehrend" und „essenziell" sagen Sie. Gibt es denn in diesem Bereich tatsächlich so große Defizite in den Unternehmen?

Ja, Sie werden mit Sicherheit kein einziges Unternehmen kennenlernen, das von sich behauptet, dass die Kommunikation mit dem Kunden zu jeder Zeit optimal läuft. Und je größer die Unternehmung ist, umso komplexer wird dieser Kommunikationsprozess. Bei der letzten Firma, die ich aufgebaut habe, hatten wir 10.000 Mitarbeiter und davon 2.500 im Bereich Tele Sales und im Customer Service. Hier jeden Einzelnen mit ausschließlich menschlicher Unterstützung besser machen zu wollen, ist eine riesige Herausforderung. Da stoßen die meisten Unternehmen schnell an ihre Grenzen. Das wollen wir ändern, zielgerichtet mit unserer Software unterstützen und solche Prozesse vereinfachen. Ich will nicht behaupten, dass bisher überall falsch kommuniziert wurde, sondern es ließe sich aus meiner Sicht vielerorts einfach weitaus besser kommunizieren.

Wie definieren Sie „besser" in diesem Kontext? Was möchten Sie konkret optimieren?

Ich erläutere es Ihnen einmal aus Kundensicht: Was erwartet ein Kunde, wenn er mit einer Firma spricht? Dann möchte er drei Dinge erleben. Zuerst möchte er nett behandelt werden. Darüber hinaus – und das ist eine Selbstverständlichkeit – erwartet er eine faktisch richtige Auskunft. Und drittens sollte der Prozess möglichst schnell und reibungslos ablaufen. Wenn dieser Dreiklang gegeben ist, dann würde ich von einer guten oder erfolgreichen Kommunikation für das perfekte Kundenerlebnis sprechen.

Aber es ist menschlich, dass nicht jeder Mitarbeiter immer und bei jedem Gespräch die exakte Auskunft parat hat, den perfekten Ton trifft und das Gespräch in einer adäquaten Geschwindigkeit führt.

Und dieser besagte Dreiklang soll durch Ihre Technologie verbessert werden?

Richtig, wir nehmen die laufenden Telefonate auf und senden diese in die Cloud. Dort werden sie durch unsere KI-basierte Software transkribiert und analysiert. Anschließend geht es zurück an das Unternehmen – in Echtzeit! Das heißt, der Mitarbeiter erhält noch während des Telefonats nützliche Tipps. Die Software sendet ihm dabei aber nur Vorschläge und Hilfestellungen, die aus unserer Sicht in diesem Moment erfolgsentscheidend sind. Alle weiteren Tipps folgen unmittelbar nach Ende des Gesprächs oder am Ende eines Arbeitstages.

Warum direkt im Anschluss an das Gespräch und nicht einmal kondensiert pro Woche?

Wir haben festgestellt, dass es am zielführendsten ist, ein Beratungsgespräch idealerweise noch am gleichen Tag zu reflektieren und nicht am Ende einer langen Arbeitswoche.

Wie lässt sich das im Arbeitsalltag praktikabel umsetzen? Wieviel Zeit muss ich dem Mitarbeiter einräumen?

Nur wenige Minuten können schon ausreichen, um sich einen ersten Eindruck zu verschaffen und die Kernpunkte zu reflektieren. Hierfür liefert unsere Software sofort alle wichtigen Fakten auf einen Blick. Wenn der Mitarbeiter möchte, hat er anschließend jederzeit die Möglichkeit, nochmal in die Tiefe zu gehen.

Diese Art der Unterstützung kommt bei Unternehmen offenbar gut an?

Ja, denn die technischen Möglichkeiten, die wir dabei nutzen, sind erst seit Kurzem denkbar. Wir sind weltweit am Optimum dessen, was momentan technisch möglich ist. Deshalb finden wir bereits eine gute Akzeptanz.

Welche konkrete Aufgabe hat die KI in Ihrer Software?

Neben den inhaltlichen Themen, wie zum Beispiel dem blitzschnellen Abgleich aller vorhandenen Informationen zu einem Themenkomplex, unterstützt die KI bei der Sprach-Transkription. Hier ermöglicht sie eine hohe Erkennungsquote, selbst wenn ein Kunde aus dem Auto anruft oder Hintergrundgeräusche zu hören sind.

Überzeugen Sie mich, warum sollte ich mir Ihre Lösung anschauen?

Ganz einfach: Die jährliche Fluktuation in Call Centern beträgt zwischen 20 und 60 Prozent. Selbst wenn Sie in diesem Szenario einen besonders motivierten Mitarbeiter neu einstellen, benötigt dieser einen langen Zeitraum, um auf das Niveau eines Agenten zu gelangen, der schon eine gewisse Zeit dabei ist. Und jetzt übertragen Sie diese Rahmenbedingungen einmal auf ein größeres Unternehmen mit einer entsprechenden Anzahl von Agenten. Das kann mit Trainings allein auf menschlicher Basis kaum geleistet werden.

.. wofür es dann Ihre KI braucht?

Richtig, genau das wollen wir ändern. Unser Ziel ist es, dass jeder Mitarbeiter am Telefon nach kürzester Zeit auf dem Stand ist, als würde er den Job bereits seit Jahren machen. Die Software filtert aus allen Gesprächen die Essenz heraus, lernt dazu und kann so unendlich vielen Mitarbeitern mehr Wissen vermitteln. Aus der Gesamtheit aller Telefonate filtert die KI die qualitativ besten Gesprächsergebnisse, stellt sie in einen virtuellen Lernraum ein und ermöglicht so beispielsweise Ihren 10.000 Agenten ein „Lernen von den Besten". Diese Chance, seinen besten – sagen wir – hundert Kollegen auf diese Weise über die Schulter zu schauen, bietet sich den 9.900 anderen im wahren Leben praktisch nie.

Nehmen wir einmal an, ich wäre solch ein frisch eingestellter Mitarbeiter. Welche greifbaren Tipps bekäme ich dann von Ihrer KI, um meine Leistung zu verbessern?

Die Künstliche Intelligenz erkennt bestimmte Worte, rät Ihnen gegebenenfalls schneller oder langsamer zu sprechen, lauter, leiser oder sogar freundlicher. Zudem identifiziert sie mithilfe bekannter Themen und Inhalte, ob die Kunden immer wieder zum selben Bereich Fragen stellen. Das bedeutet, dass Sie vielleicht fachliche Unterstützung benötigen.

In Summe ist immer die Kombination aus dem, was der Agent sagt und wie er es sagt, entscheidend. Denn was macht den Kern eines Menschen aus – sowohl des Anrufers als auch des Angerufenen? Sein Denken, sein Handeln, seine Sprache. Philosophisch betrachtet, ist das ein Dreiklang. An beiden Enden der Leitung ist aber die Sprache beim Telefonieren das Mittel für einen stimmigen Dreiklang, die Aufschluss über das Handeln und Denken des anderen gibt. Beispielsweise erkennt das System am Ende eines Gesprächs, dass Ihr Anrufer vielleicht unsicher klingt. Dann schlägt Ihnen unsere Software vor, den Kunden zu fragen, ob es noch eine weitere Frage gibt. Die KI unterstützt also den Agenten dabei, dem Kunden seine Unsicherheit zu nehmen. Die Software stellt einen guten Gesprächsabschluss sicher, mit dem der Kunde sich wohlfühlt. Das Gespräch ist dann nicht allein fachlich, sondern auch menschlich auf einem hohen Niveau.

In diesem Sinne ist Empathie gegenüber dem Anrufer mindestens ebenso bedeutsam wie Fachlichkeit, wenn sie die Kombination aus dem „Was" und dem „Wie" ansprechen?
Nein, das sehe ich nicht so. Es ist zwar eine Kombination, aber mit einer eindeutigen Gewichtung: Aus Kundensicht ist es am wichtigsten, dass das entsprechende Problem gelöst wird. Was nützt der freundlichste Mitarbeiter auf Erden, der nicht helfen kann? Das ist nicht zielführend. Bei harter Priorisierung würde ich immer Fachlichkeit vor Empathie setzen.

Im Kern sind es aber drei Disziplinen, wenn man so will, die zu einem hochzufriedenstellenden Gesprächsergebnis führen: Eine perfekte Auskunft in perfekter Geschwindigkeit und perfektem Ton. Drei Tasten einer Klaviatur, die für den langfristigen Erfolg alle mit Empathie bespielt werden müssen.

Salopp formuliert: Unverschämte Antworten helfen auch nicht weiter, selbst wenn sie richtig sind. Unsere Software kann aber auch hier helfen. Etwa, wenn ein Mitarbeiter immer dieselben Abschiedsworte wählt und diese bereits zur dahergesagten Floskel geworden sind.

Nehmen die Mitarbeiter eines Call Centers diese Tipps denn überhaupt an? Wie sind da Ihre Erfahrungen?
Teilweise herrscht eine anfängliche Skepsis. Wir Deutsche lieben es, Technologie zu verwenden, hassen es aber, diese zu entdecken. Wenn die Mitarbeiter unsere Lösung aber einmal richtig nutzen, sind sie begeistert und wertschätzen die Unterstützung. Durch die Tipps erreichen sie ihre Ziele schneller, bekommen eher ihren Bonus. Und wir stellen fest: Das nüchterne, neutrale Feedback einer Software ist emotional einfacher zu verarbeiten als die Rüge eines Chefs.

Bei i2x beschäftigen Sie gemäß Ihrer Eigenpositionierung die „motiviertesten und talentiertesten Menschen". Wie stellen Sie hier Transparenz und Wissenstransfer sicher? Nutzen Sie auch Ihre Software dazu?

Unsere Mitarbeiter sind das A und O, der zentrale Bestandteil. Wir versuchen früh Vertrauen und Verantwortung zu übergeben. Unsere Mitarbeiter sollen das Gefühl bekommen, viel bewegen zu dürfen. Wir coachen viel, möchten junge und erfahrene Arbeitskräfte sinnvoll kombinieren, die dann alle an einer großen Vision mitarbeiten. Und klar, am Telefon setzen wir in einigen Bereichen selbst auch unsere Software ein.

Wenn ich Ihre Lösung übergreifend einsetze, dann lässt sich die individuelle Arbeitsleistung des Mitarbeiters viel granularer erfassen, da sie ja bei jedem Gespräch dabei ist. Führt das aber nicht auch zu einem deutlich intensiveren Wettbewerb unter den einzelnen Mitarbeitern?

Das würde ich nicht so einseitig sehen. Selbst ein Fußballspiel unter Freunden ist am Ende ein Wettbewerb. Dieser motiviert, wenn er im Rahmen bleibt. Es darf natürlich kein Existenzangst erzeugender Druck entstehen. Bleibt man fair, führt das zu Offenheit. Auch deshalb, weil erfahrene Mitarbeiter sich nicht ständig engagieren müssen, um ihr Wissen zu teilen. Die Software läuft bei neuen Mitarbeitern im Hintergrund mit und nimmt ihnen bereits vieles ab. Denkbar ist ebenso, dass bestimmte Boni etwa nur im Team ausgeschüttet werden. Das macht die ganze Sache ebenfalls einfacher. Letztlich bringen wir auch Gamification-Elemente in den Arbeitsalltag. Unser Ziel ist, dass die Arbeit im Contact Center einmal so spannend wie ein Computerspiel wird, auch dank unserer Software. Dann wird die KI bestenfalls sogar eine Art Freund, der wertvolle Tipps gibt, sozusagen wie ein Caddie im Golf. Die Faustregel „ein guter Caddie spart anderthalb Schläge pro Runde" gilt nicht ohne Grund auf der Tour der Golfprofis.

... und irgendwann spielt der Caddie dann selbst? Weil die Software dank der KI so viel lernt, dass sie selbst ans Telefon gehen kann?

Das wird noch Jahrzehnte dauern. Klar ist: Dank der KI versteht die Software den Prozess immer besser, auch je mehr Daten sie hat. Sie bekommt mehr Perspektiven. Spezifische Aufgaben versteht sie gut, menschgleich ist sie aber längst nicht. Davon sind wir noch meilenweit entfernt.

Ich gebe Ihnen ein Rechenbeispiel: Sie haben in einem Gespräch eine Vielzahl an Denkprozessen und Metaebenen. Nehmen wir einmal an, die KI erkennt immerhin 95 Prozent eines solchen Prozesses. Dann fehlen hier zwar nur fünf Prozent – aber in den weiteren Ebenen fehlt ja dann auch noch etwas, mal fünf, mal zehn Prozent, mal mehr. Wenn man das addiert, dann haben Sie am Ende eine hohe Zahl an nicht funktionierenden Prozessen und eine unheimlich schlechte Kundenerfahrung. Deshalb: Mensch plus Maschine wird noch lange Zeit der richtige Weg sein. Fachlich bessere Mitarbeiter durch maschinellen Support – ich denke, das ist sinnvoll. Die Art der Jobs wird sich zwar immer weiter verändern, aber komplette Automatisierung gibt es deshalb noch lange nicht.

„Die Software filtert aus allen Gesprächen die Essenz heraus, lernt dazu und kann so unendlich vielen Mitarbeitern mehr *Wissen vermitteln.*"

MARCO BÖRRIES

Change und Lernen – eine unverzichtbare Symbiose

Für den Entrepreneur Marco Börries sind Neugier und Lernen das Elixier vitaler Unternehmen, Corona ein Nährboden für Chancen und jede neue Perspektive selbst dann noch reizvoll, wenn sie eher etwas von „trüber Aussicht" hat.

Herr Börries, seit Ihrer Jugend sehen Sie Dinge kommen, wenn andere sie noch für unmöglich halten. Dieser Visionshorizont, ein Projekt auf den Weg zu bringen – ist das eine Gabe oder kann man das lernen?
Ich würde sagen, es ist eine Kombination aus Gabe und Handwerk. Es ist eine Sache, Ideen oder Visionen zu haben. Eine andere aber, sie umzusetzen, nachzuverfolgen und zu adaptieren.

Das beginnt schon mit Fragen wie: Was bedeutet es, wenn meine Vorhersage von dem, was kommt, Realität wird? Was muss sich verändern, damit es eintrifft? Dafür brauche ich sehr viel Wissen, das man diszipliniert aufbauen muss. Denn es geht darum, zu verstehen, wie Dinge zusammenhängen. Wie in der Sesamstraße. Konzeptionelles Bildungsfernsehen klingt für viele erst einmal sturzlangweilig. Aber schon das Intro der Reihe ist eine Abenteuer verheißende Einladung zum Lernen. Und die Warnung darin, die vielleicht wichtigste Zeile, lautet: „Wer nicht fragt, bleibt dumm." Kinder verstehen das sofort. Und genau so bitte ich meine Leute immer: Wenn Ihr etwas seht, fragt Euch, was soll ich jetzt damit tun? Warum soll ich es tun? Und in welchem Kontext soll ich es tun? Wer sich diese Fragen beantwortet, baut von selbst neues Wissen und Verständnis auf. Und beides ist wichtig, um überhaupt Kontexte – wie ich es nenne – zu „computen". Eine Rechenleistung im Kopf quasi. Nur wenn ich diesen nötigen Fundus aufbaue, kann ich Zusammenhänge verknüpfen. Das ist der wichtigste Prozessschritt beim Aufbau einer Vision.

Um enfore an den Start zu bringen, haben Sie sieben Jahre gebraucht. Mussten Sie erst wieder lernen, sich in Geduld zu üben?

Vor zehn Jahren gab sich irgendwo zu erkennen, dass der „Point of Service" und der „Point of Sale" früher oder später digitalisiert werden würden. Und ich habe es einfach „gesehen". Das war der Start von enfore. Also sind wir angetreten, den gesamten Bestell- und Abrechnungsservice plus den Schauplatz des Verkaufs zu digitalisieren und beides per App, per Web, lokal vor Ort oder wie auch immer gleich zu verknüpfen. Die Lösung sollte zu kleinen Mitteln verfügbar sein und sich dann skalieren lassen.

Ja, dafür musste ich Geduld mitbringen, aber das kann ich. Das hat auch etwas mit dem Verständnis zu tun: Auf welche Reise begebe ich mich und mit welchem Anspruch? Dass es gut sieben Jahre dauerte, bis wir das Produkt liefern konnten, hätte ich nicht gedacht. Ich hatte mit vier bis fünf gerechnet. Im Ergebnis haben wir die Grundzüge jedenfalls so umgesetzt, wie wir sie sieben Jahre zuvor aufgestellt hatten. Im Verlauf mussten wir öfter variieren, als anfangs gedacht. Aber das kann man im Detail auch nicht vorhersagen. So ein Vorhaben braucht Flexibilität.

Inwieweit ist neben Flexibilität persönliche Motivation ein Faktor? Auch hinsichtlich der Tatsache, dass Sie Ihr Ziel über so einen langen Zeitraum nie aus dem Auge verlieren durften?

Ein wichtiger Faktor, der bedeutet, ich muss den Weg aufteilen in kleinere Schritte. So wie Sie einen Marathon laufen. Wenn Sie vom Start weg nur ans Finish denken, halten Sie die 43 Kilometer nie durch. Man muss das Ziel stets im Hinterkopf behalten, aber das Rennen selbst in kleine „Häppchen" einteilen. Allein schon, um zwischendurch zu fragen: Wie ist es gelaufen? Sind wir noch in der richtigen Richtung unterwegs? Und was – Stichwort „Motivation" – liefert gute Gründe für Mut und Zuversicht? Also: das große Ganze nie aus dem Auge verlieren, aber immer in Etappen einteilen. Denn zu sagen, ich fange jetzt etwas an und schaue in sieben Jahren, wo wir angekommen sind, das funktioniert nicht. Dann stelle ich fest, dass ich zwar irgendwas gebaut habe, aber nichts, was noch irgendein Mensch braucht. Die Anfangsplanung eines Produkts oder eines Service erfolgt ja kontextual. Und dieser Zusammenhang verschiebt sich mitunter ganz schnell. Durch Umstände, die ich nicht beeinflussen kann, für die ich aber wachsam sein muss. Das heißt: Ich muss meine Navigation ständig überprüfen. Das ist das Schwierige an Langzeitprojekten. Dass in der Vergangenheit viele von ihnen gescheitert sind, hat ja Gründe: a) man konnte seine Leute nicht bei der Stange halten, b) man hat sein Team und sich selbst nicht immer wieder ausreichend motiviert und c) nicht regelmäßig reflektiert, damit im Ergebnis, zum Zeitpunkt der „Delivery", auch wirklich das herauskommt, was in den aktuellen Kontext passt.

MARCO BÖRRIES

Ob Star Division, Verdisoft oder Mag10, seitdem er im Alter von 16 Jahren damit anfing, war jeder Unternehmensgründung von Marco Börries mediale Aufmerksamkeit gewiss. Doch der Entrepreneur kann auch anders. Im Tarnkappenmodus entstand in sieben Jahren Börries' Unternehmen enfore, angetreten mit dem Ziel, weltweit 200 Millionen Kleinstunternehmen komplett durchdigitalisierte Warenwirtschaftssysteme anzubieten. Für „kleines Geld" übrigens. Denn natürlich hat für den „deutschen Bill Gates" – wie DIE ZEIT Marco Börries in den 90ern nannte – die Frage, ob und wie auch kleine Geschäfte die digitale Zukunft überleben werden, mit Vermögen zu tun. „Vermögen", so Börries, „im Sinne von Können."

„Als Führungskraft die Größe zu haben, sich selbst immer wieder zu hinterfragen und eigene Fehltritte zuzugeben, prägt die Kultur und Wandelbarkeit eines Unternehmens ganz entscheidend."

War das Team, mit dem Sie enfore in den Markt brachten, das, mit dem Sie anfangs gestartet sind?
Nein. Die wenigsten Leute sind so gestrickt, dass sie sagen: Ich geh jetzt auf „Sieben-Jahres-Reise". Aber man braucht Leute, die diese Langfristigkeit ertragen. Das hat viel mit der Aufmerksamkeitsspanne zu tun, und die ist in der heutigen Zeit gerade in der jüngeren Generation eine ganz andere. Auch die Erwartungshaltung: Wie schnell muss etwas passieren? Wie schnell muss ich Karriere machen? An dieser Stelle Geduld aufzubauen, wird immer schwieriger. Geduld ist nicht mehr Mainstream. Hinzu kommt: Die jungen Leute von der Uni definieren Arbeit heute anders als wir vor 30 Jahren. Aber wir haben früh weitere Leute an Bord genommen, von denen manche jetzt seit knapp acht Jahren zur Mannschaft gehören. Andere wiederum sind die Reise nur ein, zwei Jahre mitgegangen, um dann etwas Neues zu machen. Das lehrt uns: Man muss bereit sein, seine Anforderungen gegebenenfalls beizeiten anzupassen.

Muss ich die Anforderungen ändern, oder muss ich als Firma andere Voraussetzungen schaffen für die Menschen?
Da ist etwas dran, aber dabei darf man keinen Unsinn machen. Bei enfore ging es nicht darum, mal eben einen E-Commerce-Shop aufzustellen. Wenn aber allein schon die zu erwartende Komplexität und Dauer eines Projekts eine abschreckende Wirkung hat, kann das Finden der richtigen Leute

MARCO BÖRRIES

Wer? Wie? Was? Wieso? Weshalb? Warum? Wer nicht fragt bleibt dumm! Tausend tolle Sachen, die gibt es überall zu sehen. Manchmal muss man fragen, um sie zu verstehen.

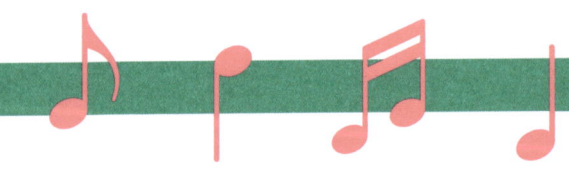

„So simpel der Text im Lied der Sesamstraße anmuten mag – die Worte könnten treffender nicht sein." Marco Börries, Gründer und enfore-CEO

durchaus schwierig sein. Da ist es hart, sich nicht dem Mainstream anzupassen. Aber Letzteres zu tun hieße ja nicht, dass ein Produkt anschließend besser wird. Ich kann mit einer kurzfristigen Denke einfach kein langfristiges Produkt bauen. Das wird nur scheitern. Dann lieber sagen: Ich kann das Problem auf dem deutschen Arbeitsmarkt nicht lösen, bekomme die richtigen Leute aber vielleicht in Asien.

So wie man auch im Silicon Valley bestimmte Sachen einfach nicht mehr lösen kann. Wenn man sich aber die Geschwindigkeit anschaut, mit der SUN oder Apple oder Facebook gewachsen sind, mit Mentalitäten, die einen ganz anderen Schwund in Kauf nehmen, ist das schon noch eine andere Art von Geschäft und Umgang, die dort betrieben und an den Tag gelegt wird. Dort ist inzwischen eine Art „Set-Pool" entstanden, aus dem bestimmte Experten von Unternehmen kurzfristig angeheuert und je nach Bedarf quasi durchgetauscht werden. Für ein Projekt wie enfore brauche ich aber eher „missionaries" statt „mercenaries", also weniger „Söldner" als passionierte, ausdauernde „Missionare".

Was bedeutet das für ein junges deutsches Unternehmen wie enfore?

Dass man regelmäßig sein eigenes Verständnis vom Business überprüft und fragt: Ist das Arbeiten, so wie wir es tun, noch zeitgemäß? Natürlich arbeiten auch wir heute anders als vor zehn Jahren. Auch wir haben heute völlig andere Tools, aber gewisse Prinzipien werden sich nicht ändern. Dann muss man schauen, wie man in einer digitalen Welt mit nicht veränderbaren Situationen umgeht. Beispielsweise mit der Macht der großen Plattformen. Die Frage ist dann: Wo können wir womit noch spielen? Mit welcher Geschäftsidee, aber eben auch auf welchem Arbeitsmarkt?

Implizieren diese Prinzipien, von denen Sie sprechen, auch persönliche Eigenschaften wie Passion, Neugier, Akribie, Mut und Andersdenken?

Das ist so, absolut. Und wenn dann diese persönlichen Eigenschaften zu Leidenschaften werden, ist das nicht nur für jemanden mit Führungsverantwortung der Idealfall. Denn dann kann man solche Prinzipien vorleben und auf diese Weise auch glaubhaft vermitteln. Authentizität und Kommunikation sind ganz wichtige Säulen, wenn es um Grundsätze oder auch Werte geht. Dazu zählt, und das ist ganz wichtig, immer wieder Fragen zu stellen, deren Antworten ich möglicherweise gar nicht hören möchte. Da kann es um ethische oder unternehmerische, zwischenmenschliche oder fachliche Themen gehen. Die Größe zu haben, sich selbst immer wieder zu hinterfragen und gegebenenfalls eigene Fehltritte zuzugeben, prägt die Kultur und Wandelbarkeit eines Unternehmens ganz entscheidend.

Denn als Leader bist du ja per Definition Vorbild. „It starts with you, it ends with you." Nicht dass du alles entscheidest oder alles weißt, aber du bist Vorbild. Ich kann von meinen Mitarbeitern nicht verlangen zu tun, was ich nicht selbst bereit bin zu tun. Das sind Plattitüden, aber daran wird sich nichts ändern. Das ist so ein Prinzip. Aus meiner persönlichen Sicht ist das größte Problem von uns Menschen jedoch, dass wir mit quasi jeder Veränderung ein Thema haben: „Das ist mir jetzt unbekannt ... und was bedeutet das jetzt ... warum muss das denn.... so riesig, so komplex, so unüberschaubar sein?" Ich sage: Ja, der Change ist da. Ich kann mir Apple, Facebook oder Google aber nicht wegdenken, die sind nun einmal da. Aber auch dieser Change ist per se weder gut noch böse. Die Frage ist doch nur: Was bedeutet er für mich? Und wie muss ich mit ihm und den neuen Umständen, die er herbeiführt, umgehen? Und wenn es darauf hinausläuft, dass wir uns fortan ständig im Wandel befinden, dann ist das einfach so. Ich kann ihn nicht aufhalten.

Würde „unbedingte Gelassenheit" treffend beschreiben, wie Sie mit Change umgehen?
Ich würde sagen „bedingungslose". Denn ich kann keine Bedingungen stellen. Ich muss als Unternehmer jeden Wandel aufnehmen. Also besser gleich gelassen bleiben und das Beste daraus machen. Arrangieren statt lamentieren. Nun sind wir Menschen per Definition ja nicht besonders risikoaffin. Nicht weil wir alle „Angsthasen" sind, sondern weil es einfach nur wenig Verrückte wie mich gibt, die aushalten können, nie zu wissen, was als nächstes passiert. Und die sich diesen Gedanken als Unternehmer ständig vergegenwärtigen wollen. Meine persönliche Erfahrung ist aber: Man kann damit leben. Man lebt am Ende auch besser.

Erleichtert es die Sache, jeden Change als Einladung zum Lernen zu verstehen?
Das ist eine Einstellungssache. „Was ich nicht weiß, macht mich nicht heiß" ist der Weg des geringsten Widerstands. Wenn ich aber sage: Ich entscheide mich, die Augen aufzuhalten und mich nicht abzuschotten, führt das automatisch zu konstantem Lernen. Das an sich heranzulassen, ist heute die einzige Möglichkeit zu überleben. Gerade heute.
Ich will Ihnen ein Beispiel geben: In der kurzen Geschichte von enfore hatten wir jetzt an drei aufeinanderfolgenden Geschäftstagen die meisten Prozess-Transaktionen. Warum? – Weil in Zeiten wie diesen wie verrückt online bei Amazon und Otto gekauft wird. Wie kriegen aber kleine und mittelständische Unternehmer (KMU) diese Kunden jemals wieder zurück? Potenziell sind sie als „Kleine" viel agiler. Aber sie müssen reagieren. Wie unsere drei Company History Records zeigen, tun das viele auch. Unternehmen, die sich jetzt nicht umstellen, werden in zwei Jahren Geschichte sein. Insoweit ist Corona ein Brandbeschleuniger für den Trennungsprozess zwischen Spreu und Weizen. Der ist auch nicht umkehrbar. Nur haben viele Leute das noch nicht begriffen.

Woran fehlt es mitunter?
An Adaptivität. Den Mut zu haben, rund um eine eigene Idee neues Wissen aufzubauen, selbst wenn eine Vision eher etwas von „trüber Aussicht" hat. Gerade dann. In diesem Sinne bilden Change und Lernen eine unverzichtbare Symbiose. Das ist auch meine Motivation, immer zu lernen. Als Unternehmer habe ich doch nur zwei Möglichkeiten: Stell dich stumpf oder bleib wachsam. Das ist die simple Metaebene, auf der Lernen und sich einstellen auf neue Situationen zum Kontinuum werden. Nie zu sagen: Das reicht jetzt.

Das deutsche Bildungssystem, sagten Sie mal dem SPIEGEL, habe zu Ihrer ersten Unternehmensgründung „eher nichts beigetragen". Tatsächlich sei Ihre Karriere ohne Schule schwänzen gar nicht möglich gewesen. Was hat sich in Deutschland seither geändert?
Überhaupt nichts. Dafür brauche ich nur eine Statistik: Die Bundesregierung hat mit dem „Digitalpakt Schule" Mitte 2019 die Summe von fünf Milliarden Euro bereitgestellt. Davon wurde bis Ende 2020 weniger als eine halbe Milliarde Euro von den Schulen abgerufen. Das sagt eigentlich alles. Es spielt keine Rolle, was die Gründe waren. Fakt ist, dass wir fünf Milliarden zur Digitalisierung von Schulen in 18 Monaten nicht auf die Straße gekriegt haben. Man stelle sich vor, was das allein seit Ausbruch von Covid-19 volkswirtschaftlich gebracht hätte. Nur langsam kommt Bewegung in die Sache. Die vor Corona nötige Kraft hätte niemand in der Politik aufbringen können. Bestehende Systeme

in einem stabilen Umfeld auszuhebeln, das lehrt schon die Physik, braucht enorme Energie. Und dann greift aber das Energieerhaltungsgesetz, wonach die Gesamtenergie eines abgeschlossenen Systems eben eine Erhaltungsgröße ist, die sich mit der Zeit nicht ändert. Seit Corona ist aber nichts mehr abgeschlossen und stabil, sondern alles ist fluid. Das schafft einen Nährboden für Veränderungen, und es wird hochinteressant, zu beobachten – Stichwort „Augen auf" –, was jetzt passiert.

Was erwarten Sie?
Die Effekte der Pandemie werden uns bis in den Herbst beschäftigen, in Summe gut 18 Monate. Nur ein kleines Beispiel: Gestern war ich mit einem Partner bei einem eigentlich sehr guten Japaner, der aber natürlich umgestellt hat auf Take-away. Im Restaurant dann 60 hochgestellte Stühle! Und wir fragten uns: Wie können in diesem kleinen Raum jemals 60 Menschen gleichzeitig gegessen haben? Nur neun Monate, und unser Gehirn hat sich so umgestellt, dass quasi feststeht: Vergiss es! – Ausgeschlossen. Wir sind da sehr adaptiv, und daher glaube ich: Der Rückweg zu Lebens- und Arbeitsumständen vor Corona ist ausgeschlossen. Für diese Reise gibt es nur One-Way-Tickets. Und Wehmut hat auf diesem Weg keinen Platz, denn es werden sich großartige Möglichkeiten abzeichnen. Vorausgesetzt, wir lernen und schauen voraus. Denn jeder Change ist ein Challenge. Und jeder Challenge eine Chance.

„Die Augen aufzuhalten und sich nicht abzuschotten, führt automatisch zu konstantem Lernen."

Abbildungsverzeichnis

S. 2	Deutsche Telekom AG (PR)
S. 16, 23	Deutsche Telekom Service GmbH (PR)
S. 29	Vera Tammen
S. 36, 39, 40	Deutsche Telekom Service GmbH (PR)
S. 49	Dr. Klaus Wolff (PR)
S. 52, 53, 55, 56	Kluge + Konsorten GmbH, Berlin
S. 62, 63	Jürgen Schwarz, Schwarzdigital
S. 64, 65, 66	Privat
S. 68	GB Kommunikation GmbH (PR)
S. 69	Privat
S. 84	André Bakker
S. 88, 89, 91, 92	Irène Zandel
S. 96	Susanne Kurz
S. 103, 106	Agile Consulting GmbH (PR)
S. 111, 117	Martin Steiger
S. 120, 126	Tobias Volkmann
S. 128, 133	Hans Scherhaufer
S. 139	Privat
S. 142	Nadine Rupp
S. 153	ZDF, Jana Kay
S. 160	Deutsche Telekom AG (PR)
S. 167, 172	Scheer GmbH (PR)
S. 177	Mathew Scott / AUGUST
S. 179	CoachHub (PR)
S. 183	Hahn + Hartung
S. 190, 197	Andreas Sibler

Impressum

Frankfurter Allgemeine Buch

Copyright: FAZIT Communication GmbH
Frankfurter Allgemeine Buch, Frankenallee 71–81,
60327 Frankfurt am Main

Herausgeber
Dr. Ferri Abolhassan
Deutsche Telekom Service GmbH
Friedrich-Ebert-Allee 71–77
53113 Bonn

Chefredaktion & Umsetzung: Tatjana Geierhaas
Konzeption: Yvonne Duden, Tatjana Geierhaas, Thorsten Rack
Text: Karen Allhin, Harald Czycholl-Hoch, Tatjana Geierhaas, Birk Grüling,
Sven Hansel, Constanze Kleis, Klaus Lüber, Thorsten Rack,
Thomas van Zütphen
Bildredaktion: 3st kommunikation GmbH, Mainz
Layout, Design & Illustration: 3st kommunikation GmbH, Mainz

Druck: Eberl & Kösel GmbH & Co. KG, Altusried-Krugzell

Printed in Germany

1. Auflage, Frankfurt am Main 2021
ISBN: 978-3-96251-104-3

Alle Rechte, auch die des auszugsweisen Nachdrucks, vorbehalten.